LOCUS

LOCUS

LOCUS

LOCUS

Smile, please

smile 201
好奇心行動攻略
作者：康斯坦丁・安德里奧普洛斯（Constantine Andriopoulos）
譯者：鍾玉玨
責任編輯：潘乃慧
校對：聞若婷
封面設計：簡廷昇
出版者：大塊文化出版股份有限公司
105022 台北市松山區南京東路四段 25 號 11 樓
www.locuspublishing.com
讀者服務專線：0800-006689
TEL：(02)87123898 FAX：(02)87123897
郵撥帳號：18955675　戶名：大塊文化出版股份有限公司
法律顧問：董安丹律師、顧慕堯律師

總經銷：大和書報圖書股份有限公司
地址：新北市新莊區五工五路 2 號
TEL：(02) 89902588　FAX：(02) 22901658
初版一刷：2024 年 1 月
定價：新台幣 420 元
Printed in Taiwan

好奇心行動攻略

掌握 9 大關鍵能力，戒除瑣碎與發散，打造精準、有目標的好奇心

康斯坦丁・安德里奧普洛斯 著
鍾玉玨 譯

CONSTANTINE ANDRIOPOULOS
PURPOSEFUL CURIOSITY
THE POWER OF ASKING THE RIGHT QUESTIONS AT THE RIGHT TIME

本書獻給全世界最好奇的女孩——莉迪亞

目次

前言

腦子不是等著被填裝的容器，而是等待點著的火焰。

——普魯塔克（Plutarch）

希臘的米克諾斯島，因為風景如畫的小鎮、美麗無敵的海灘線、活力洋溢的夜生活，成為聞名遐邇的度假島嶼。那是個暖洋洋的夏日午後，我和七歲就認識的好友伊拉克里斯・齊斯莫普洛斯（Iraklis Zisimopoulos）暢談他在島上的新旅館事業。講到一半，他打斷談話，轉頭對我說：「你一定是世界上最惹人厭的人！」我被他的評語嚇了一跳，不解地問他：「你是什麼意思？」

他笑答道：「你每分鐘丟出一百個問題，讓人忍無可忍！我們應該好好享受這安靜的下午，你卻表現得像一名調查員。你到底要這些訊息做什麼？你會用嗎？」

「我不知道。」我答道：「我發現你做的事相當有趣，但說實話，我用不用得到你跟我說的，我無法打包票。」

一如他對我的指控：我確實充滿好奇心，積極投身於學習和探索新知。[1] 也許有時好奇心過了頭。學者就像小孩，都有難以控制的好奇心，喜歡問東問西，但我從來沒想過這是個問題，所以和好友的這番談話觸動了我的神經，讓我糾結好一陣子。暑假結束，九月份我返回倫敦貝葉斯商學院任教，和朋友在一起的夏日時光成為遙遠的記憶。

我展開職業生涯後，一直致力於幫助大家善用好奇心，改善生活與發揮創意。這個目標和我目前在貝葉斯商學院（倫敦大學城市學院五大學院之一）的角色相得益彰、相輔相成——教導創新和創業的教授、推廣創業的副院長、貝葉斯創業基金（貝葉斯商學院的創投基金）投資委員會的成員之一。我對好奇心的熱情也影響我的其他工作，我是「深谷」創新管理顧問公司（Avyssos Advisors Ltd.）的總監，並擔任商業顧問和教練。

我的使命是鼓吹一場運動，喚醒大家的好奇心，而且是有目標、有方向的好奇心，作為創新的基礎。我個人全心投入這項事業，因為我已為人父又是教育工作者。

這個學期，我注意到許多學生從一個主題漂移到另一個主題，既想探索更多自己正在學習的領域，又沒有耐心深入鑽研。他們對某個主題，充其量只有膚淺而短暫的興趣。這種現象讓我想起我和老友在夏天的談話。我發現，我的學生不知道如何引導自己的好奇

> 當我們花大量時間辛苦地研究與調查，挖掘超越表面、顯而易見或意料之中的答案，可能令人振奮又心滿意足。

心，他們需要指導，才能有效發現問題並思考解決方案。他們沒有深入鑽研某個主題，只是將好奇心轉移到另一個對象。

和許多人一樣，他們被社群媒體、新聞、簡訊、電子郵件和串流服務推播的訊息轟炸，分散了注意力。他們變得像蝴蝶一樣，從一朵花飛到另一朵花，沒有停留足夠的時間，深入品味花之蜜。

我們是需要馬上得到回應與滿足的世代。由於動動手指就可輕鬆轉移注意力或得到海量的訊息，因此期待需求立刻獲得滿足。我們可以躺在沙發上，同時訂餐或約會。科技發展讓我們耽溺於現狀，愈來愈喜歡待在不斷擴大的舒適圈中。串流娛樂服務、食品外送、約會應用軟體等，形成即時又便利的生態系統，影響所及，更容易貪圖舒適。

我的論點有憑有據：網際網路提供前所未見的知識連結，這些資源每年呈指數級的成長。每天網路平均新增二・五萬兆（十的十八次方）位元的數據。[2] Google 搜尋量每年成長一〇%左右。[3] 在每年多達數兆筆的搜尋中，僅一五%是原創，亦即首次在 Google 搜尋平台露出。[4] 約有三十五億人使用智慧手機。[5] 美國人平均每天查看手機三百四十四次。[6] 大多數人平均每天花三小時十九分鐘使用手機。[7] 二〇二〇年，我們平均每天花七小時使用網路，[8]每天花在社群媒體的時間是一百四十五分鐘。[9]

我承認我也有過度使用社群媒體而分心的毛病。就像我的學生一樣，我用3C產品在網上漫無目的地搜尋各式重要和不重要的主題，瞭解一些表面知識之後，就換下一個主題。這樣做的好處是很方便，可以快速存取新資訊，但同時也有壞處。我們對於必須花費較長時間搜尋，以及瀏覽多個網頁才能理解的知識或主題，會失去興趣，導致我們的學習和思考變得膚淺。

我們現在有很多管道可以輕易獲得資訊，這有助於滿足我們與生俱來、喜新厭舊的好奇心，但也鼓勵淺碟化的學習，阻礙我們深入研究的能力。儘管科技發展迅速，我們靠自己就可輕鬆存取大量的資訊，但並未看到好奇心之旅的深度出現同樣驚人的成長。事實上，更易獲得資訊，以及更易建立連結，似乎產生了反效果。我們熱中於廣度而非深度，追求快速、直覺式的答案。我們事事都想知道答案，即使這麼做沒有明顯的好處。在本書中，我把這種態度稱為**輕浮的好奇心**（frivolous curiosity）。加州大學柏克萊分校哈斯商學院的神經經濟學家許明（Ming Hsu）和他的團隊最近做的一項研究指出，我們的大腦會高估那些讓我們感覺良好、但可能無用的訊息的價值。[10]不要誤會我的意思。當然，恰到好處的輕浮好奇心也非常有益，可以幫助我們離開熟悉的道路，進行實驗。今天偶然學到的東西，在明天可能會派上用場。我並不反對這種作法，但不能成為常態。為什麼現在我們對於某個主題或問題的興趣愈來愈難以深化？是什麼阻礙我們去深化好奇心，並將其導向明確的目標？

我決定研究為什麼這種蜻蜓點水式的探索愈來愈普遍，以及這種現象對創新、商業和未來可能造成什麼影響。更重要的是，我想瞭解我們怎麼做才能更有知有覺地瞭解深化的好處。這本書就是這項努力的結果。它揭露成功人士如何導引好奇心，去實現一個又一個目標，包括進一步理解科學和人類，發現新的領域和機會，完成重要的目標等等。這就是我所謂的**有目標的好奇心**，那種能激勵你離開沙發並解決複雜難題的好奇心。靠著清晰的思緒、熱情、勇氣、積極進取的態度，投入未知的領域。有目標的好奇心需要付出努力、耐心和資源，可能會導致你筋疲力盡，但也非常具有意義、價值和改造的力量，而且往往趣味橫生。有目標的好奇心具有莫大的好處。好奇心——想知道、想看、想體驗的欲望，是刺激我們學習新知和成長的動力。[11] 長期以來，這種動力一直與積極的心態、降低焦慮、改善人際關係、累積成就和長壽有關。[12]

有目標的好奇心，可以幫助我們將好奇心導向我們看重的目標，並為我們所做的一切賦予意義。我們在旅途中努力解決遇到的難題，往往會冒出一些新的想法、問題和解決辦法，它們可能與當前探索的問題多少有些關聯。這些新的發現，可能會引領我們走上一條全新的道路。通往目標的路徑，甚至目標本身，可能並不明確。我不會說有目標的好奇心一定是愉快有趣的，它有時也可能既困難又令人沮喪，但這就是它的價值與意義之所在。當我們花大量時間辛苦地研究與調查，挖掘超越表面、顯而易見或意料之中的答案，那麼最終發現的答案可能令人振奮又心滿意足。對一位太空探險家而言，成功發射火箭是巨大而複雜的挑戰。對於奧運選手來說，摘下一面金牌意謂一生不懈的努力，包括身體和精神上的付出，但這些努力是值得的。對女高音來說，掌握音準與技巧異常困難。對我們大多數人而言，持續關注一個具有挑戰性的目標是艱巨的任務！然而，若能超越你原有知識和技能的界限，本身就是讓人深感滿足的獎勵和回報。

在充滿不確定性的過程中，集中心力克服障礙，以韌性克服心理上的不適與排斥，是關鍵所在。一旦擅長運用有目標的好奇心，就能訓練自己保持專注和專心的能力。我為本書訪談了幾位這樣的專業人士，他們提供的見解與心得將幫助你走進他們的世界，感受他們的勝利和困境。你將瞭解他們旅程潛在的威脅、經歷的挫折（甚至是災難），以及他們如何克服這些挑戰，成功抵達目的地。我們很多人會對探索未知領域抱持浪漫的想法。實際上，有目標的好奇心更像是每天早上醒來後，走進拳擊擂台，不知道自己會成功擊敗拳王泰森，還是被他打趴在地。有時進展順利，但更多時候你會遇到挫折，需要仰賴毅力和決心才能克服。

人若懷抱有目標的好奇心，會懂得如何克服挫折、從挫折中學習，並善用挫折、追求成功。全神貫注、不受干擾地克服問題與挑戰，讓我們能更有效地解決問題，做起事來更有生產力。不過，在一個即便短暫放下 3C 設備都愈來愈困難的世界裡，能夠保持專注力無疑是可貴的，但也極具難度。我訪談的對象成績斐然，都歸功於有目標的好奇心。他們有一套方法與攻略，訓練自己保持韌性，並將挫折視為可解決的問題，而非無法逾越的障礙。汲取他們的經驗，我在本書整合一些可行、實用的策略和建議，任何人都可以應用這些策略，像他們一樣地思考。我會一再要求你們暫停腳步，思考這些策略對你和你的生活有何意義。

雖然不是每個人都渴望探索南極、遠征火星或發明突破性的新產品，但我們都在尋找意義，在日常生活中努力追求進步。有目標的好奇心，在生活許多層面都能發揮影響力。你可能只是希望改善目前所做的事，或者正準備換跑道——離開目前的工作，追求其他更充實的事業。也許，你正努力看穿假新聞的內幕，或是理解訊息過載的現象。或者，你正努力將一項創新設計商業化，試圖改善健康狀況，或者教導孩子解決難題的重要性。無論你在做什麼，你都可以像懷著有目標好奇心的人一樣，學習他們的思考模式與策略，並從中受益。我的論點是，無論你的目的是什麼，好奇心計畫都能帶給你豐富的回報。世上到處都有令人興奮的難題需要解決，但心無旁騖、有重心的探索才不會掛一漏萬，也更有機會實現目標。

我希望有目標的好奇心能成為新常態。我認為這本書是一門好奇心的大師課程。出於內在的渴望，希望自己在這方面做得更好，並學習如何利用好奇心的轉化力量，我開始研究關於好奇心的一切。作為一名實地研究者，過去八年來，我深入研究好奇心這個主題，揭露它內在的機制與運作。我大量鑽研心理學、科學、文化與創新的學術研究、文章和報告。我和六十多位背景及專業各異的人士進行深入訪談，瞭解他們如何展開有目標的好奇心之旅。此外，我還諮詢了頂尖的專家。幸運的是，我終於發現一些成功人士留下的線索，其中包括太空和極地探險家、調查記者、企業家、投資人、創意人士、創新者、工程師、科學家、教育家和運動員（詳見附錄的訪談名單）。當我編製這份名單時，我刻意尋找勇於創新並展現一馬當先精神的人士，分析他們如何將好奇心轉化為解決問題的能力。

本書提供一份攻略，複製了他們的成功旅程。每一章討論一個基本步驟：

一、**發掘癢點，巴不得想知道什麼**：找到一個能激發我們好奇心的目標（癢點），並持續培養並發展對這個目標的好奇心。只要找到能讓我們每天早上離開溫暖被窩的目標，並深信自己有能力理解一切事物，就可以將任何潛在的興趣轉化為一種強烈的渴望（癢點）。這個癢點能點燃我們的熱情和毅力。

二、**深入稀奇古怪的兔子洞**：當我們與他人分享我們的興趣，願意為它投入時間、精力和資源時，好奇心就會轉化為一個正式的計畫。

三、用好奇心克服恐懼：為了克服恐懼，首先，需要遠離外在世界的噪音干擾。其次，需要轉向內心，戰勝自己內在的批評聲音，並探索自己的目標和使命。第三，重新定義恐懼，分類為挑戰自己的機會、現在不做未來可能會後悔的事情，以及小型實驗。最後，將克服恐懼變成一種習慣與第二天性。

四、成為專家——而且宜快不宜慢：要瞭解新的專業知識，最好的方法是依照個人需要，設計個人化的課程，並利用社群進行知識交流。再者，必須盡可能地傾聽並吸收新知。

五、請問誰願意跟我一起合作？：你必須打造一支夢幻團隊，延攬符合CURIOUS條件的人加入：有合作精神（C, collaborative）、毫不掩飾對研究主題的熱情（U, unabashedly）、具韌性（R, resilient）、能打破傳統思維（I, iconoclastic）、對自己領域以外（O, outside）的世界充滿好奇心、有行動的急迫感（U, urgency）、喜歡追求（S, seek）驚喜。

六、做好準備：為了最大程度優化你的好奇心計畫，需要預先確認可能出現的問題，並且有系統地找到解決方案，以緩解這些問題。

七、一頭栽進未知領域：若想提高好奇心之旅的成功機率，我們必須學會設定界限和優先順序。我們必須利用所有的感官，去體驗、理解周遭的世界，並將旅程分解成可管理的小步驟，以便建立節奏和進度。如果需要，可能也必須自己創建工具。最後，必要時得採取糾正措施。

八、培養面對逆境的韌性：為了克服挫折並在好奇心之旅中建立韌性，我們需要時時提醒自己設立的目標，將每個挫折重新定義為探索的機會。我們應該建立強大的支持網絡，並保持積極的情感（如興奮和興趣），推動我們繼續前進。此外，像偵探一樣破解每道難題。

九、把盡頭變成新起點：回顧我們完成的好奇心計畫，必須問自己一個至關重要的問題：「我是否仍然對探索這個領域感到好奇？」根據我們的答案，接下來可以採取兩條路徑。A路徑：我們仍然對目前的領域感興趣，覺得可以進一步探索更多新奇的現象。B路徑：我們感到這個領域已經沒有可探索的東西，渴望退出，進入另一個新領域，展開另一段好奇心之旅。

閱讀本書並使用書中的策略，實現你的好奇心計畫、成立新的事業、開始一項研究專案，並不會讓你的好奇心之旅變得更容易，但會讓這個過程變得更豐富、更深刻、更有意義。本書可以視為關於好奇心的宣言及實用手冊，目的是幫助個人、團隊或組織應用並發揮好奇心的力量，讓工作和生活持續進步、解決問題與創新。透過本書的分享，我希望改變你對可能性的看法。希望受訪對象懷抱的雄心壯志、面臨的挑戰、傑出的成就，能夠教育、激勵、啟發更多的探險家和夢想家。

好奇心之旅不應只是少數人的特權，應是許多人追求的目標。我希望鼓勵所有人懷抱有目標的好奇心，繼續保持天生對發現與探索的渴望。我希望展開一個運動，喚起大家有目標地追求好奇心計畫，讓好奇心成為偉大及發揮積極影響的基礎。我個人對這個志向投入了心力，也請各位讀者加入我的行列。這個世界需要我們。你是否懷抱有目標的好奇心，想要瞭解更多？請繼續讀下去吧。

第1章 發掘癢點：巴不得想知道什麼

重要的是不停地提問。好奇心有其存在的理由。

——愛因斯坦

總部設在美國加州的航太製造大廠「火箭實驗室」（ROCKET LAB）在二〇二〇年十一月二十日發射可重複使用的小型火箭「電子號」（Electron）。[1]電子號的創意出自紐西蘭工程師、火箭實驗室的創辦人兼執行長彼得．貝克（Peter Beck）；他也是這次發射背後的推手。長期以來，他的願景是協助各類型的公司利用太空旅行的技術發射衛星，進一步提升衛星的廣泛用途，包括更準確的天氣預測、全球高速網際網路存取服務、研究其他星球大氣層可能存在生命的能力、掌握貨物運輸進度，以及讓更多的人（不管是不是太空人）體驗太空。[2]這些挑戰通常由美國「國家航空暨太空總署」（NASA，下稱航太總署）等政府機構負責克服，但貝克深信自己旗下小而美的靈活團隊可以解決這些難題，也省略一堆繁瑣的官僚程序。貝克知道，如果找到更便宜的方式將衛星等設備送入軌道，航太工業可望被顛覆。要做到這一點，他必須想辦法降低火箭發射的成本。航太總署的發射計畫，有一些一次就花掉納稅人十六億美元，而火箭實驗室的低軌道（距離地表約五百公里）小衛星發射成本僅約五百萬美元。[3]

貝克組了一個工程師團隊，開發出低成本、重量輕的小型火箭，將其命名為「電子號」。這枚小型火箭高五十九英尺（十八公尺），可將小型衛星送入軌道。[4]電子號在二〇一七年完成首次發射。差不多在完成十五次衛星發射計畫之後，火箭實驗室決定專注於「重新返回」的任務（Return to Sender）。這項任務有兩個目標：為廣泛的客戶（包括企業、學術機構、研發組織、政府機構）發射三十顆衛星至圓形軌道；引導電子號的推進器（booster）完整重返地球的大氣層。推進器是火箭的下半部，也是最昂貴的部分（所謂的第一節火箭），可把物體（載荷，payload）從地面送入太空。[5]推進器在重返地球大氣層時，雖然會承受巨大的壓力和高熱，若能維持完整的狀態與功能，就可被火箭實驗室回收再使用。這意謂，該公司可加快火箭的生產速度、提高發射頻率，並大幅降低發射衛星進入軌道的成本。[6]

然而，在動手打造這種火箭之前，貝克花了大量時間瞭解他需要具備哪些知識與技術，才能實現這些目標。好奇心扮演關鍵的角色。他必須大量地學習和探索，才能踏上正確的道路。他告訴我：「如果你不瞭解目標四周潛藏的各種挑戰和機遇，你永遠找不到解決方案。」[7]

貝克的老家在紐西蘭的因弗卡吉爾（Invercargill）。當他還小時，他的父親會在日落後帶他到戶外，仰望天空的星星，因此他自幼就迷上了太空。他說：「其實我們對天上的東西所知甚少，我只是覺得一切讓人大開眼界，我為之著迷不已。」[8]隨著年紀漸長，他愛上太空，也深愛工程，漸漸愈陷愈深，難以自拔，最後以它為業。他非常喜歡自己做東西，享受從無到有的過程，不愛直接從貨架上買回現成的產品。他尤其喜歡火箭，十幾歲的時候，他就心存好奇，想知道自己能否建造一架。他盡可能閱讀所有跟火箭相關的資料，然後開始在自家花園的鐵皮屋，實驗各種不同的設計。[9]最後在十八歲時，他把一個火箭引擎綁在一輛特製的自行車後面。他戴著頭盔，穿著連身服，跨坐到自行車上，身體前傾，成功地以每小時一百英里的速度奔馳。[10]

貝克沒有上大學，選擇到家電製造公司菲雪品克（Fisher & Paykel）當學徒，學做工具，然後再到工業研究公司（Industrial Research Ltd.）任職。工業研究公司現已更名為卡拉漢創新研究院（Callaghan Innovation）。這些就業經驗讓他邊做邊學，磨練精進自己的工程技能，還有機會接觸機器和材料。同時，他趁著夜深人靜，繼續苦心鑽研、設計火箭引擎。二〇〇六年，貝克決定放手一搏，創立火箭實驗室，希望實現他兒時打造火箭的夢想。

如果不敢涉險，不敢走出舒適圈，就不可能有創造性和智識上的突破。

貝克和火箭實驗室的同仁改用比金屬更輕、更省錢的碳複合材料，成功降低火箭成本。該團隊還使用3D列印技術製造引擎，可縮短火箭的開發與試誤時間；火箭的原型機進入測試之後，每次火箭引擎一旦爆炸，3D列印技術即可重起爐灶，減少延誤。[11]貝克和團隊搜尋可發射火箭的地點，最後找到紐西蘭北島一個偏遠的牧場。在那裡，他們可以更頻繁地試射火箭，因為該地區的領空與海域不會有其他飛機或船隻經過。[12]二〇一九年八月，貝克對外宣布他大膽又野心勃勃的目標：火箭的推進器可以重複使用。在此之前，推進器往往使用一次就丟棄，主要是因為它們在重返地球大氣層時會碎裂，變得毫無利用價值。[13]

二〇二〇年十一月二十日，世界協調時間二點二十分（台北時間早上十點二十分），電子號從紐西蘭瑪西亞（Māhia）半島的火箭實驗室發射場成功升空。飛行五十秒後，任務繼續正常進行。任務控制中心的每個人都急切地想知道，推進器能否成功重新進入地球大氣層，而且保持完整與完好的狀態。在此之前，不保證次次發射推進器都能成功重返大氣層。貝克在他的螢幕上安靜而自信地監控著任務的進展。這對他和火箭實驗室而言，都是重要的里程碑；他一生都在為解開火箭重返大氣層之謎做準備。發射後大約兩分半鐘，在距離地表約八十公里（五十英里）的高度，電子號的推進器與本體分離。一旦推進器的引擎關閉，它就開始下降。在打開三種類型的降落傘、以降低其墜落速度之前，它的時速大約是二馬赫（大約每小時一二九〇英里，即音速的兩倍）。[14]這是個關鍵時刻。火箭實驗室的技術人員首次完整回收第一節火箭，將推進器從太平洋撈了上來。而人在任務控制中心的貝克，則是像個小學生開心地呵呵笑。[15]他旺盛的好奇心和滿腦子都是工作的拚勁，最後終於獲得回報。

火箭實驗室甚至在這次「重新返回」的試射任務之前，就已取得重大的進展。該公司曾在前兩次發射任務中，引導推進器返回地球，但這次的「重新返回」任務，是電子號的第一節火箭首次利用降落傘重返地球，並在掉落海裡之後被撈起回收。[16]「這次試射完全成功。」貝克在新聞記者會上宣布這個好消息：「我們現在真的有信心，電子號可以成為可重複使用的發射載具。」[17]他的願景不再只是紙上談兵。

太空探索位於好奇心光譜的極端。像貝克這樣的人代表以下的意義：挖掘自己獨特且無窮的潛力，化為推力，將自己內在的好奇心外推到極致。這些太空探索之旅向我們證明，只要善用好奇心之力，想做什麼都難不倒我們。此外，他的太空探索之旅也顯示，擁有旺盛好奇心的人有一種根深柢固、持久不墜的求知欲；我相信我們大家都可以透過練習，發展並精進我們的好奇心。

為什麼好奇心很重要

長期以來，好奇心一直是生存和進步的推力。回顧演化史，好奇心強的動物存活機率更高，因為牠們瞭解環境，學會適應環境。[18]縱觀歷史長河，人類跨越邊界，進入未知的領域，有的想尋找更好的居住地，有的想發財致富，有的僅僅為了弄清楚另一邊有什麼東西（有時，這對自己或既有居民會造成可怕的後果）。即使在大流行病期間，我們仍然保持好奇心，繼續努力破解複雜的謎團。一六六五年夏天，倫敦及周邊地區爆發大瘟疫，在離市中心六十英里處，劍橋大學被迫關閉，英國數學家牛頓只好暫離就讀的大學返鄉，避居到離劍橋大學約六十英里的老家農場。[19]在這個靜謐的環境中，牛頓沒有接受任何教授的正規指導，他在好奇心的驅使下，不斷探索自己的興趣。[20]這一期間，他開啟數學和物理學的新見解，他最著名的理論萬有引力開始成形。

擁抱有目標的好奇心，讓我們發現全新的世界。如果不敢涉險，不敢走出舒適圈，不可能有創造性和智識上的突破。好奇心刺激我們演化、展延自我、建立連結、發現更多新事物，不僅豐富自己的生活，還可以改變周遭的世界。懷抱有目標的好奇心，勇於走出舒適圈，這會帶來可觀的回報。我們會發現一個全新的世界，找到下一個靈感，或是遇到另一個可交流想法的夥伴。若想超越已知的範圍和現狀，我們必須掙脫千篇一律與日復一日的狀態。

發掘好奇心的探索之旅

好奇心是引爆連鎖反應的火花；多虧它，貝克終於成功設計出火箭電子號。我們周遭的一切，例如我們擁有的每一件東西、書架上的每一本書、我們與人建立的每一個連結，背後都有好奇心的作用。然而，不同於貝克，我們許多人都還在努力摸索，想要確定自己全心努力的目標是什麼，而貝克從小就知道自己的**興趣**是研究火箭，並且全心全意地追求卓越。反觀我們比較習慣找各種推託的藉口，例如沒有時間，即使有時間，也不知道從哪裡開始。

那麼，你要如何點燃連鎖反應的火花呢？首先，你得讓自己進入正確的心態。然後你需要尋找靈感。**心態**和**靈感**是大家隨口會提到的字眼，但我們不一定清楚這兩個詞彙的實際意思，更不清楚如何擁有正確的心態或到哪裡尋找靈感。

心態

想要進入正確的心態，你需要騰出時間、自在地放飛思緒，並生出驚奇感。接下來我們會一一詳細分析這些作法。

騰出時間

正如我所言，現代世界的一切設計都是為了讓我們分心，分散我們的時間，同時偷走我們的注意力。冗長的工作時數和生活充斥各種噪音——不管是來自環境發出的實際聲音，還是此起彼落的喧囂聲（提醒我們肩負的種種義務），大量滲透到日常生活中，掩蓋了可能真正重要的事物。這時，好奇心是唯一能夠激勵你投入精力和時間，用心生活的核心解藥。

時間是阻礙好奇心的最大障礙之一。我們就開誠布公地直說吧：這絕非**有沒有**時間的問題；而是願不願**騰出**時間的問題。我們必須刻意留出必要的時間培養對世界的好奇心。我們花在手機、上網或看電視的時間，都可以開始用於思考專案計畫、發掘重要問題、找出存在的目的與意義，以及在攀登「理解」這座大山時找到自己的立足點。荷蘭鬼才設計師約蘭・范德維爾（Jólan van der Wiel）深受極端自然現象的吸引，嘗試使用磁性原理塑造和製造作品。他解釋，不停地花時間在自己的興趣上有多重要。他說：「你真的需要時間和空間思考，讓想法進入腦袋。我肯定會強迫自己花一、兩個小時……你絕對可以強迫自己做到這一點。」[21]

自在地放飛暢想

一旦騰出時間，你需要在這段時間裡，讓自己覺得舒適自在。其實這非常不容易做到：我們有多常按下暫停鍵並反覆思考自己的想法？特別是數位技術已然滲透到我們日常生活的各方面。研究顯示，這樣的暫停頗具挑戰性。二〇一四年發表在《科學》期刊上的一項研究發現，若人被剝奪身外的一切刺激，會竭盡全力避免無聊。維吉尼亞大學和哈佛大學的社會心理學家，要求受試對象收起隨身物品，包括筆和手機，獨自待在房間裡，只能東想西想十五分鐘。[22] 如果受試者認為太難受，可以選擇按下按鈕、分散注意力，但是每按一次鈕就會受到無害程度的電擊。在十一項各自獨立的研究中，大多數受試者表示，他們不喜歡獨留在房間裡沉思。三分之二的男性和四分之一的女性，甚至會選擇做些讓自己不開心的事（在這實驗裡，蓄意電擊自己至少一次），只為了緩解無聊。

我的學生和我十七歲的女兒也無法看清騰出時間暢想的價值與意義。我鼓勵他們把它視為培養有目標的好奇心的一環，因為花時間暢想會打開生成性心態模式（generative mindset）。奧莉亞・哈維（Auriea Harvey）是 3D 雕刻藝術家、電玩教授、電腦遊戲設計師，她說她經常造訪比利時的根特大教堂，靜靜地坐在那裡，與各種想法打交道。她告訴我：「這可以幫助我恢復內在秩序、集中注意力和催生想法。」[23]

冥想（即使類似哈維那種簡單的冥想方式）也有助於解決問題與挑戰。[24]當我們可以做到在靜默中保持靜止不動（still），就不怕與自己獨處；反而會憧憬獨處，一找到機會就練習。一開始，找個自己最喜歡的地方坐下來，或到公園裡慢慢走路，甚至躺在床上。盡可能減少外在刺激，儘管剛開始可能不習慣沒有刺激，當你開始專注於思緒時，有趣的見解會一一冒出來。

生出神奇感

如果你回顧歷史，會發現世上許多好奇心強的人，不會只熱愛一樣東西。一個人即使忘我地沉浸在手邊的工作，也不代表他對周遭事物不感興趣。我們可以對不只一個領域感到好奇；實際上，擁有一種以上的興趣，往往有助於建立更多重要的連結與發掘新事物。著名物理學家愛因斯坦是小提琴家，也熱愛莫札特奏鳴曲。[25]達文西不作畫的時候，醉心於數學和工程學領域。因發現青黴素而聞名的蘇格蘭醫師與微生物學家亞歷山大・佛萊明（Alexander Fleming），是一位自學成才的藝術家；他也是切爾西藝術俱樂部的會員，擅長水彩畫。佛萊明還用微生物作畫，創作出迷你房屋、芭蕾舞女伶和士兵等作品。[26]

好奇心強的人，從不覺得自己的工作有什麼侷限性。他們可能喜歡每天大同小異的工作內容，但也可能在工作之餘有一些躍躍欲試的興趣。他們對自己熟悉的事物感到自在，但還想延伸觸角，盡其所能地探索更多新領域。

我訪談的幾個人透露自己是如何伸出觸角，與置身新興或快速發展產業的人連結，或者接觸自己領域之外的人，瞭解他們的工作與想法，這些都可幫助他們點燃好奇心，闢出新的研究路線。安傑洛・維莫倫（Angelo Vermeulen）就是這樣一個人。身為藝術家、生物學者和空間系統研究員，他與他人共同創立了「空間生態藝術與設計」（Space Ecologies Art and Design）。這是一個由藝術家、科學家、工程師和行動主義者組成的國際跨域團隊。十多年來，他一直與歐洲太空總署（ESA）主持的「梅利莎計畫」（MELiSSA，微生態生命支持系統備選方案）合作，研究在太空中如何讓生物繼續生存。目前，他在荷蘭台夫特理工大學任職，為星際探索開發生物啟發式概念（仿生概念），並與萊頓－台夫特－伊拉斯莫斯大學的永續發展中心合作，結合空間技術和園藝，希望帶動科技創新，提高全球糧食生產。維莫倫說：「我需要營造讓人絕對放鬆的氛圍，需要開展，需要讓牆壁隨時保持透氣。」[27]

刻意地接納生活與工作中經歷的大小事，並保持開放和積極的心態，會引導我們發掘未解之謎、想出新奇的答案。一開始，可以從專業領域之外的興趣著手，培養新的嗜好，

> 當我們可以做到在靜默中保持靜止不動，就不怕與自己獨處；反而會憧憬獨處，一找到機會就練習。

或者參加你所知甚少的主題講座。

靈感

一旦有了正確心態，要怎麼做才能找到靈感？靈感可能來自任何地方，但一些具體步驟可以幫助你獲得靈感。一開始，這些步驟可能會把你帶到不感興趣的領域，不過只要你願意花時間又夠專注，探索過程會帶給你快樂的驚喜，以及相關的發現。我採訪過一些好奇心異於常人的「奇人」，他們習慣反覆問五個問題：

- 如果這樣會怎樣？（What if?）
- 我確定嗎？
- 下一步是什麼？
- 我看得夠仔細嗎？
- 我是否到處看了一遍，沒有漏掉任何一點？

我們不妨也反問自己這些問題，並且進一步詳細地剖析，試著讓這些問題幫助我們獲得靈感。

如果這樣會怎樣？

好奇心重的人經常會問「如果這樣會怎樣？」，來進行更多的探索，並開啟諸多有趣的可能性。喬恩．威利（Jon Wiley）在二〇〇六年加入搜尋引擎巨擘谷歌（總部在加州山景城），主要負責領導「谷歌搜尋」的產品設計，完成史上最大的轉型工程：從桌上型電腦轉換到行動裝置。此外，他還必須在新的領域（如擴增實境、虛擬實境、可穿戴裝置等）建立團隊。他花了數年推動谷歌重押的「環境運算」願景，研發重心是提高機器的感知及可穿戴介面。威利受訪時對我說，專注於不停地追問「如果這樣會怎樣？」、「如果世界是這樣會怎樣？」或「如果世界是那樣，會怎樣？」或「如果我這樣做，會發生什麼？」，這些問題讓他展開一個又一個探索，讓他的好奇心自由放飛。[28] 他說：「我等於在創作短篇科幻小說，習慣於構思一系列不同的世界。」[29]

威利不是利用未來式劇本、打開好奇心水龍頭的唯一一人。上次我帶領學生到矽谷實地考察時，在加州帕羅奧圖的未來研究所（IFTF）逗留了一陣子，它是一個非營利智庫，致力幫助大家想像未來的可能性，以利做出更好的決定。負責導引我們走進未來的尚恩．

內斯（Sean Ness）是未來研究所的主任，他在我們參觀結束後，告訴我：「關注X的未來。[30]探索不同的劇本……提出與那個劇本相關的問題：可能發生的最好結果是什麼？可能發生的最壞結果是什麼？我的組織如何才能在這個未來劇本中勝出？我們需要做什麼，才能在這個未來劇本中壯大或續存？我們需要雇用什麼樣的技術人員？我們需要對現有員工進行什麼樣的培訓？為了讓這個未來劇本成真，哪些法律或法規需要改變？」[31]

以倫敦為總部的知名時裝設計師瑪莉・卡川特蘇（Mary Katrantzou）同樣指出，她與團隊會一起創作假設性劇本，藉此挖掘並探索讓人著迷的時尚新概念，她發現這是非常寶貴而實用的作法。她告訴我：「有時我們看著一個主題，把它放進一個假設性的劇本，請團隊從機器人的視角看它，或者透過一千年後未來世代的雙眼看它。」[32]這種創作劇本的方式可以點燃想像力，並刺激新的點子。

我確定嗎？

知名設計師麥可・傑格（Michael Jager）是佛蒙特州伯靈頓設計公司「不受拘束勞動團結」（Solidarity of Unbridled Labour）的創意總監和負責人。他是佛蒙特州第一位獲頒「美國平面設計協會」（AIGA）卓越設計人士獎（Design Fellow）的設計師，在過去二十五年裡，他創作不輟，並與一些知名品牌合作，客戶包括伯頓滑雪板、微軟

Xbox、耐吉、Levi's、MTV、維珍、露露檸檬（Lululemon Athletica）、線上名人授課MasterClass與巴塔哥尼亞服飾。他受邀在TEDx演講，主題是「拯救好奇心」，探討好奇心如何有益於我們的想法、生活和幸福。[33]他提出示警，稱好奇心正在消失，並教導大家如何在日常生活中重新點燃好奇心。他告訴我，分析以及瞭解我們感興趣領域的思維模式並不夠。[34]他認為，把人吸入一個想法的磁力就是「打破模式」。[35]打破模式，指的是信心十足地拒絕或放下先入為主的想法和假設（模式），不帶任何評斷地接近新事物。

潔西·布徹（Jess Butcher）是成功創業多次的倫敦實業家，曾被英國廣播公司列入「百大女性名單」，以及《財星》雜誌「十大最有影響力的女企業家」，因為在數位技術和創業方面的貢獻，而在二〇一八年獲頒大英帝國勛章（MBE）。我對她的創業歷程感到好奇，想進一步瞭解是什麼觸發她的好奇心。布徹告訴我，當她一聽到挑戰自己當前思維的想法或事物，眼睛馬上一亮，心想：「哦，我怎麼從來沒有這樣想過，怎麼從來沒聽過這種想法。嗯，這很特別。」[36]這就是火花出現的時刻。她表示：「其實我該深入瞭解一下，因為這跟我對世界的感知或是我的世界觀相違背。」

我們都有根深柢固的想法和偏見。積極尋找並認識那些挑戰或完全顛覆我們一些深層假設與信仰的新知與訊息，有助於刺激探索。挑戰已知的一切！好奇心不喜歡規則，習慣不斷地對抗。

好奇心強的人相信，世上的萬事萬物幾乎樣樣都能讓你進一步探索。他們不會被知識箝制；他們質疑既定的正統與常規。美國軟體界成功創業多次的馬歇爾・卡爾佩珀（Marshall Culpepper）說：「如果你天生好奇心強，很快會直接走向各種難題，因為你將透過好奇心，遍歷大家已經知道的事物與景象，然後你將遇到陷阱。當你碰到那個陷阱的時候，你也發現了一件人類的嫉妒還沒搞清楚的事情。此外，更重要的是，這些是我們面臨最棘手的問題。」[37]思考鮮少人提問，以及更少人能回答的難題，這才是挑戰之所在。好奇心重的人對於挑戰現狀並不陌生，有時所作所為還會破壞社會規則。

下一步是什麼？

還有一些人，藉由探索科技世界的下一步可能出現什麼，或是想像還有哪些令人興奮的新發展，來點燃他們的好奇心。他們明白全新的領域具有潛力，渴望一探究竟。前面提到的谷歌產品設計主任威利，解釋自己是如何重燃對虛擬實境（VR）的長期興趣（他在德州大學奧斯汀分校就讀時，VR一直是他關注的配角而非主角）。當同事開始研究Google Cardboard（可把智慧手機變成VR配戴裝置的可摺疊紙板），這款VR的潛力讓他意識到，用戶與電腦的互動將進入全新、更個人化的層面。

許多我採訪的對象，在一九九〇年代網際網路才剛普及，就已開始嘗試使用網路做實驗。他們接著實驗 3D 列印或 VR 的可能性。例如，羅貝塔・盧卡（Roberta Lucca）接觸到 3D 列印技術之後，好奇心被點燃。盧卡自承是個通才（對不同領域都有超強的好奇心和熱情）。她曾經多次成功創業，利用 3D 列印技術創辦了一家珠寶公司，並在倫敦成立一家獲獎的電玩公司。她說：「我關注 3D 列印的演變與科學理論，包括它可能對世界造成的影響。我非常熟悉時尚產業的運作方式以及它浪費的程度。我心想：『如果我完成設計，然後提供珠寶客製化服務會怎麼樣？』於是我買了一台 3D 列印機，開始製作一些珠寶。」[38] 盧卡發現，她可以開始一門又賺錢又兼顧社會良心的生意。她發現自己可以在四個小時內，在家裡設計並完成一個手鐲，於是她冒出了按客人需求客製珠寶的想法。盧卡說：「這麼一來，就不會像商店架上的那些預製產品，有多達八成最後變成垃圾，因為永遠不會被購買，最後只好進到垃圾掩埋場。」[39] 她的這個想法揭開好奇心之旅的序幕，她想知道自己能否結合 3D 列印技術和時尚產業，創造兼具創新精神又能保護環境的設計與珠寶事業。

我看得夠仔細嗎？

英國影藝學院電影獎（BAFTA）得主，並入圍奧斯卡的動畫導演黛西・雅各布（Daisy Jacobs）建議，長時間觀察有助於發現靈感。她描述自己的觀察之旅，地點是自家的屋頂露台。她每次都會花幾個小時在露台上，畫下其他人在自家屋頂露台上所做的事。[40]她接著說：「當你持續觀察某樣東西，你會開始注意到細節。」[41]

以這種方式與周遭互動，激發出值得注意的見解，為她的動畫短片作品提供了參考與靈感。雅各布並非在尋找驚喜，但是透過長時間的觀察，她看到每個人是如此不同，每個人都有自己與環境互動的方式。當我們強迫自己以新的「焦距」觀察熟悉的環境，能讓我們用全新的方式觀察不怎麼熟悉的環境。這些觀察有助於刺激新的想法。雅各布願意花時間實地觀察，並觀察到一些新的模式，這些模式立即吸引她的注意力。[42]一個看似平凡的觀察對象，比如屋頂露台，往往會化為三週的專案。她注意到有人在晾曬衣服或曬太陽；建築物立刻變得有人氣與人味。若好奇心帶著目的性，你往往可以心無旁鶩地坐在那裡，觀察並學習事物的運作方式。我們可以利用好奇心，發現並打從心底欣賞眼前正在觀看的事物。長時間觀察會讓我們放慢腳步，以全副身心投入。

芝加哥大學布斯商學院的社會心理學助理教授艾德．歐布萊恩（Ed O'Brien）也發現，像雅各布這種觀察千遍也不厭倦的重複式經驗，愉悅感遠高於大家的預期。[43]為什麼會這樣？歐布萊恩的兩個實驗顯示，經驗不會百分之百地重複。每次我們重看一部電影、再訪某個博物館、重讀一本書，或者再度觀察某一個空間，都會注意到新的事物，反過來讓體驗多了至少一部分的新穎收穫。我們必須不斷尋找新奇的對象，尋找第一次沒有注意到的東西。我們怎樣才能鍛鍊自己的觀察力呢？去博物館、參觀公園、參加某個慶典或講座。強迫自己坐下來，觀察周圍發生的事情。你可以在素描本上畫出自己觀察的結果，也可用手機或筆記本做紀錄。

我是否到處看了一遍，沒有漏掉任何一點？

我和好奇心極強的人交談後發現，成為叛逆分子（專愛唱反調）是重中之重。當大家都向左走，好奇心重的人偏偏向右走。他們積極地尋找驚喜與意外。對我們多數人而言，扮演唱反調的叛逆分子可能是件難事，在當今社會更是如此，畢竟你可能會在社群媒體和傳統媒體上被羞辱得體無完膚。此外，民眾對假新聞心存不安與恐懼，覺得任何人若不是某一領域的專家，都無權對該領域進行研究或發表意見。結果大家往往因為害怕被訕笑，不敢逆勢而為或反其道而行，斷了探索新知或新現象的機會。反觀好奇心強的人，因為亟於想有不同的新發現，勇於走自己的路。

喬治・庫魯尼斯（George Kourounis）是希臘裔加拿大籍探險家、電視節目主持人、風暴追逐者，對自然界一些極端現象很感興趣，例如龍捲風、沙塵暴、颶風、雪崩和火山，總是想把它們記錄下來。他解釋，極端環境與極端天氣現象引起他的好奇心，[44] 激勵他去尋找背後發生的原因，心想是什麼導致這些現象，以及是什麼讓它們有如此強大的威力（有時具破壞性）。他目睹到的一切，讓他驚訝於這些極端現象的磅礴威力，也冒出許多疑問，例如其他星球會發生什麼樣的狀況，宇宙其他地方是否可能存在生命等等。庫魯尼斯是世上第一個進入達爾瓦薩火山口（Darvaza Crater）的人。達爾瓦薩火山口通常被稱為地獄之門，是土庫曼北部沙漠一個寬約二百三十英尺的巨大火焰洞，有著神祕的起源。廣傳的理論認為，一九七一年蘇聯地質學家點燃了坑口，希望燒光甲烷氣體以免擴散，但低估了洞中的甲烷儲量，自那時起，坑口就一直燃燒到今天。[45]

庫魯尼斯穿著防熱衣，配戴自給式呼吸器，使用客製化的攀登安全帶和在極端高溫下不會融化的防火繩，然後縱身跳入燃燒的火山口，收集坑洞底部的土壤樣本（溫度可能高達攝氏四百度，或華氏七百五十二度）。[46] 庫魯尼斯解釋：「我們在尋找嗜極細菌，看看是否有生物能活在高熱、富含甲烷的環境條件下。這可以提供線索，讓我們得知必須在其他星球的哪些地點尋找生命，因為太陽系之外也有類似這種環境的星球。這麼一個更偉大的目標，於是激勵了我。」[47] 新的問題接著出現，不僅圍繞探索本身的可行性，也涉及生命能否在如此惡劣的條件下繼續生存。這些問題的答案，有助於說明生命能否在其他類似條件的星球上生存。

許多領域都能實踐探索。約翰．佛塞特（John Fawcett）是美國連續創業的實業家，他共同創辦了 Quantopian，並擔任執行長。該公司的產品是眾包式對沖基金，允許分散各思考鮮少人提問，以及更少人能回答的難題，這才是挑戰之所在。

地的量化分析師開發、測試和使用交易演算法，來購買及出售證券。[48]佛塞特告訴我，Quantopian 是他在探索能否結合眾包、公開競賽和量化金融的可行性時產生的想法。[49]這種安排在過去前所未見。他說：「我有一種永遠餵不飽的好奇心，老是想知道會發生什麼……一旦我想到了什麼，就想知道它行不行得通。」[50]佛塞特與尚恩・布瑞戴希（Jean Bredeche）在二〇一一年於波士頓共同創立 Quantopian，願景是讓金融更開放透明，作法則是提供證券交易員軟體和線上社群，讓他們在這平台上測試自己開發的交易演算法。

瞭解讓人好奇與心癢的公式

你現在知道該如何進入正確的心態，也掌握五個幫助你打開靈感水龍頭的問題。關鍵的下一步，是找出一個你有足夠興趣且可以長期深入探索的主題。展開好奇心之旅前，必須對自己選擇的主題（興趣）懷抱熱情，而且深信你對這主題不是三分鐘熱度。你怎麼知道哪個旅程才正確？為什麼別人能專注於某個好奇心旅程？是什麼鼓勵他們持續專注於某個主題或問題，而不是其他主題？換言之，為什麼要搔這個癢處，而不是撓其他的癢處？是什麼讓這個謎或祕密如此誘人，以至於人們長期對它保持好奇心？其他人卻不斷在各種興趣之間游移擺盪？對一些人而言，感興趣的對象似乎顯而易見，還記得本章開頭提到的貝克和他的火箭嗎？他的熱情自始至終就是火箭。但是，沒有理由你不能在人生的任何一個階段開始某個好奇心旅程，而且一切從零開始。如果是這樣的話（亦即你可以把時間花在任何一樣事上並取得成效），你該如何選擇專注的對象或興趣？

潛在興趣由三部分組成，它們能將興趣變成一種永難滿足（搔到）的癢點，而癢點會點燃我們的熱情，為我們的毅力續航。為求簡單明瞭，我把這三點變成以下的等式：

邊界 + **目的** + **相信** = **癢點**

邊界：邊界必須被挑戰

目的：目的因人而異

相信：相信一切皆可理解

癢點：你的好奇心之旅

不妨更仔細地看一下這個等式。什麼是邊界、目的和相信？為什麼三者能加在一起？為什麼加起來等於「癢點」——把好奇心推到最高點的計畫？

邊界

挑戰邊界，落實在生活裡是什麼模樣？我們可以從三方面思考這個問題。首先，我們願意解決棘手的問題或抓住令人興奮的機會。其次，我們找出外部存在什麼邊界，是為了證明這邊界其實並不存在。換言之，我們要前往從未有人涉足的領域。最後，結合第一點和第二點，看看一個成形的大膽旅程如何受到我稱作「微好奇心」（micro curiosities）的東西所啟動。大難題源於許多較小的疑惑或未解的祕密，所以要找出大答案得從小處著手。我們可以把這些微好奇心看成是挑戰邊界的一種手段——每一次小勝利代表又打破一個邊界，讓你朝更大的目標挺進。接下來，讓我們更詳細地分析這三種作法。

一、關注棘手的問題或令人興奮的機會

好奇心有助於把注意力集中於棘手又有趣的問題，或令人興奮的新機會。北卡羅來納大學格林斯伯勒分校的心理學副教授保羅．席爾維亞（Paul Silvia）以研究興趣情緒（emotion of interest）見長。他說，因為關注棘手問題而點燃興趣的火花，這種現象不令

人意外。他的研究與實驗顯示，當我們評價某樣東西是新穎、出乎意料或複雜時，往往會激發對它的興趣。[51]

諾曼・福斯特爵士（Sir Norman Foster）是榮獲所謂建築界諾貝爾獎普利茲克獎的英國建築師。他成立的公司福斯特建築事務所（Foster + Partners）位於倫敦巴特西，業務涵蓋建築、工程和工業設計。代表作品包括：加州庫帕提諾的蘋果園區（巨大的環形辦公園區）、散見世界各地的蘋果直營店、北京首都國際機場（全球第三大民用機場）、香港上海匯豐銀行總部、倫敦的聖瑪麗艾克斯三十號（別名酸黃瓜）。福斯特勛爵分享了困擾他好一陣子的棘手問題：「全球約有十億人生活在貧民窟，意謂他們沒有現代化的衛生設施，沒電、沒暖氣、沒照明、無法烹飪，沒有乾淨的用水。這個數字到二〇三〇年左右可能會翻一倍，到二〇五〇年可能翻三番。沒有人考慮這個問題……建築物當然也不會。」[52]

儘管現實有時會讓人生畏或不舒服，但福斯特爵士並不迴避，反而勇敢地選擇困難的道路，專注於追逐深耕於現實的夢想。他直視大難題並提供解決方案，因為大難題可以生出具體的結果，即使棘手、讓人不舒服，卻也足夠有趣，值得花心力解決。

福斯特爵士專注於看似難以解決的問題——貧民窟的生活條件。接著，他和他的團隊以及福斯特基金會（非營利機構）前往世界各地，會晤太陽能專家，也和不依賴土地的基礎設施（如船隻和飛機）專家會面。此外，他們走訪了幾個貧民窟人口多的國家，與當地政府官員溝通，進一步瞭解關於立法和土地所有權的情況，同時還會晤與福斯特有共同願景的重要人士。[53]福斯特和他的團隊盡可能深入探索這些貧民窟，希望能改變全世界數百萬人的生活。他的夢想正在成形。二〇一八年五月，福斯特基金會與多個組織合作，包括塔塔信託基金（印度歷史最悠久的慈善組織之一）、歐米迪亞網絡（Omidyar Network，由 eBay 創辦人皮耶・歐米迪亞〔Pierre Omidyar〕創立的慈善投資公司）和卡達斯塔基金會（Cadasta Foundation，旨在推動全球土地和資源保障權利的非營利組織）。這些團體攜手推出歐迪沙宜居住宅計畫（Odisha Liveable Habitat Mission），打算將印度東部歐迪沙邦的所有貧民窟改造成宜居住宅區。這項專案預計二〇二三年完工，範圍涵蓋歐迪沙邦三十個地區共二百一十四個城市，完工之後，將成為全球規模最大的貧民窟產權變更與改造計畫。[54]

二、前往從未有人涉足的領域

二〇一七年五月，谷歌 DeepMind 開發的人工智慧程式 AlphaGo 擊敗了世界圍棋棋王。圍棋公認是世上最複雜的智力遊戲之一，對電腦而言，圍棋比西洋棋更具挑戰性。兩位棋士輪流在十九乘十九格的棋盤上放置棋子，攻城掠地。我曾讀過谷歌有關圍棋的突破性研究，對谷歌欲藉人工智慧（AI）的協助來解決問題的目標感到好奇。我採訪了 DeepMind

的高級研究員拉雅・哈德塞爾（Raia Hadsell）。她領導一個研究團隊，專門研究機器人導航與終身學習，找出哪些技術領域值得谷歌鑽研。[55]哈德塞爾強調走向無人涉足的領域——縱身躍入未知領域的重要性。她說：「如果你在一個眾所周知的領域做研究，那麼邊界已經存在，儘管有小獲利，充其量只能優化。但是你若一馬當先搶在眾人之前，研究無人涉足過的領域，例如人工智慧，有太多未知的東西等著你。」[56]對哈德塞爾而言，沒有人做過的事才值得追逐。

因此，目標是做一件沒有人做過的事，去沒有人去過的地方。他們從極地探險家和冒險家那兒獲得啟發，渴望進行探險家從未嘗試過的旅程。瑞士生態探險家拉斐爾・多米揚（Raphaël Domjan）成為世上太陽能動力船環行全球的第一人，現在正在研製第一架在平流層飛行的太陽能飛機。他告訴我，他的癢點是「打開以前沒有人打開的門」。[57]

三、充分利用微好奇心

將好奇心用於解決大難題，抓住每個新的機會，勇於探索未知的事物，固然很棒，但是大難題可能難如登天。因此，懷抱「摘月」的偉大志向固然激勵人心、讓人鬥志昂揚，但也要務實，切忌好高騖遠。偉大旅程（壯舉）並非一蹴可幾，不是跳入深淵就能手到擒來。偉大旅程涵蓋許多小旅程，靠微好奇心推動每個小旅程，亦即藉由我們在舒適圈內遇到的小難題、小謎團或小挑戰，激勵我們去探索自己感興趣的領域。將雄心萬丈的探索拆解成較小、更容易實現的小旅程，能幫助我們更接近目的地。解決問題必須先從可做到的事情開始。

奧莉亞．哈維告訴我，她透過每一次專案發現微好奇心。[58]把專案想像成難關重重的電玩。每過一關，就會收到新的訊息、遇到新的挑戰或難題，這些在在刺激我們對所處環境的好奇心。每次解決了一個微型挑戰，我們就會進入下一關或下一個級別。按常理，新級別的訊息或劇本可能更複雜難懂，所以我們可能要花更多時間釐清，這會刺激我們的好奇心，讓我們迫不及待想進一步瞭解下一關會碰到什麼難題。我們繼續探索更多的微世界，一關接著一關。不知不覺中，我們的邊界被拓寬，我們的信心逐漸增強，也愈來愈接近遊戲的終點。

當我開始動念撰寫本書時，我把這工程拆成幾個小問題。第一個微難關是想出一系列發人深省的問題，然後拿這些問題訪問那些被好奇心激勵而獲得高成就的人士。當我擬好訪談想問的問題，下一個挑戰是確定訪談對象。接下來的挑戰則是與這些人聯繫並進行採訪，然後分析他們的見解，繼而從他們的談話內容中找出共通點或模式。

目標

目標是一種催化劑；即使你咬牙苦撐或是面臨沒完沒了的問題，目標能讓你持續保持動力。個人的使命或人生目標，若能和感情產生連結，能讓你自然而然地全心投入。我訪問的每一個人都有讓人懾服的崇高使命感：一種強烈的存在意義。目標鼓勵他們前進，讓他們即使面對障礙，也能朝既定的方向前行並堅持下去。

目標是數據科學碗競賽（Data Science Bowl）背後的推手，這項競賽是全球首屈一指的社會公益數據科學競賽。美國博思艾倫漢密爾頓管理暨科技顧問公司（Booz Allen Hamilton）與全世界數一數二的數據科學競賽網路社群 Kaggle（在全球擁有逾一百萬會員）合作。雙方的共同使命是匯集數據科學家、技術專家、其他產業的專家和組織，合力解決大難題。二〇一六年的競賽要求參賽者創造一種演算法，讓診斷心臟功能的過程自動化。[59]參賽團隊提出的演算法，或許可以為心臟專科醫師緩慢的人工診斷過程代勞。

一般情況下，醫生需要花二十分鐘判讀磁振造影（MRI），才能對病人的心臟功能做出評估。數據科學碗競賽的演算法或許可以更快地完成分析。[60]大家預期比賽獲勝者將是具有醫學背景的數據科學專家，但是二〇一六年三月結果揭曉時，出乎大家的意料之外。恬莎・李（Tencia Lee）和劉琦（音譯，Qi Liu）是兩位華裔的對沖基金交易員，之前從未有過任何神經網絡方面的工作經驗，也不曾合作，卻成了獲勝者。兩人想出一種演算法，可以從核磁共振圖像中診斷有無心臟病。她們擊敗來自全球近一千一百個團隊，抱回冠軍。這場歷來企圖心最強的人工智慧競賽，共收到九千三百個提案，兩人成功脫穎而出。[61]恬莎・李和劉琦為了這項競賽，空出晚上和週末的時間，撰寫並測試各種演算法。

我聯繫恬莎・李，希望更加瞭解她是如何一步一步有方向地探索並取得重大突破，以及一開始為什麼會對這項比賽感興趣。她說，當她得知有這麼一個未解的醫學之謎時，好奇心被喚起，她希望能有所作為，貢獻一己之力：想出一種可以拯救人類生命的演算法，這個可能性對她來說深具意義。[62]恬莎・李和劉琦的演算法目前正在接受相關測試及規範，通過之後才能被採用。如果一切順利，恬莎・李將實現她的目標：挽救人命。

我們也可以利用好奇心，進一步瞭解該如何結合商業現實與重要的理想。馬丁・佛洛斯特（Martin Frost）是連續創業的實業家，專精於科技與生命科學事業，例如英國手術機器人公司 CMR Surgical 就是他創辦的。該公司的總部在英國劍橋，營運宗旨是協助全世界數百萬人進行微創手術。佛洛斯特說明自己的人生目的如何激勵他探索機器人的領域。[63]他的使命是推出能改變數百萬人生活的產品。[64]沃恩・布朗內爾（Vern Brownell）是 D-Wave 系統公司的前執行長，谷歌和美國航太總署使用的商用量子電腦，研發公司就是位於加拿大的 D-Wave。布朗內爾的動力同樣來自於解決現存的天大難題，例如治癒癌症或應對氣候變遷等。[65]佛洛斯特和布朗內爾都希望盡可能對世界發揮影響力——以積極而持久的方式，讓世界有所改變。他們的好奇心帶著目的性，讓他們為社會創造價值。

相信

形成癢點的最後一部分，是相信一切皆可以被理解；或者在別人協助與提點之下，相信一切到頭來皆可被理解。這不是對自己智力有十足的把握，而是相信自己的學習和理解能力。當我心血來潮，想寫一本書論好奇心，一開始我對這想法很忐忑。我的學術生涯裡，寫過很多文章，但從未寫過關於好奇心的文章。這個課題對我而言是全新的挑戰，不過我相信自己可以學習並理解好奇心。因為相信，所以有了信心。這讓我勇於放手一搏，展開這個計畫。我之前也曾嘗試認識其他我覺得陌生的主題，沒有道理不能對好奇心比照辦理，對吧？

當我們碰到一件陌生、意外或複雜的事情，必須評估自己是否有知識、技能和能力處理它。有了現有的知識為基礎，猶如給自己戴上防護罩，讓人安心地展開好奇心之旅；相信會激發信心，勇於超越他人走過的領域，闢出自己的一條路徑。科學研究顯示，人類會對陌生、但自認可以理解的挑戰或任務產生興趣。[66]比如說，獲得提示之後，得以理解詩意與詩境，往往會覺得抽象詩更為有趣。[67]

前面提到的數據科學碗獲獎者之一恬莎・李表示，機器學習是個艱澀的領域，她發現自己能夠花心思探索。她經常閱讀不同領域的高水準文章，但她若想深入研究某個領域，通常必須是她相對認識或多少有點熟悉的領域，而且她自認可以提高其附加價值。她告訴我：「我的確喜歡閱讀不同領域的高水準文章，但要確實掌握細節，並深入弄懂一個領域，我通常必須已有基礎的認識。機器學習相當艱澀，但我願意花心思學習與理解，並看見自己持續進步。」[68]

好奇心也可以幫助我們在不同的領域之間移動。比利時空間系統研究員、生物學家和藝術家維莫倫，解釋他是如何超越領域的邊界：「你必須相信一切皆可被理解，藉此來餵養好奇心。這可能需要幾年的時間，期間你必須學會丟掉有些事再怎麼努力也無法理解的想法。在某種程度上，一切都是可以理解的。世界上不存在什麼奇蹟或神祕力量，只讓少之又少的人獲得『加持』，得以理解旁人不能理解的東西或現象。比如說，我學的是生物學，其他理科的領域難不倒我。」[69]

找到你的癢點

許多讀者可能已經摸清自己的熱情與興趣，但也有一些讀者可能不太確定。然而，身邊一定有一些東西（可能不只一件）能讓我們開心，刺激我們的興趣，並不斷吸引我們的好奇心。這就是你展開好奇心之旅的起點，同時善用我列出的問題和見解。找一個舒適安靜的空間，閉上眼睛，開始做白日夢。進入沒有教戰手冊或規章可循的未知領域。身邊放一本筆記本，一有想法就記錄下來（或者你可以使用智慧手機上的筆記功能）。盡可能發揮創造力和想像力；不要擔心文法和拼字問題。要具體。如果你過去做過這個練習，找出那本布滿灰塵的筆記本，回顧一下當時的想法，看看哪些想法能重新點燃你的好奇心。

學會如何延伸問題，善用這一點就可開始好奇心之旅。接下來的章節，我們將繼續利用心理學、神經科學和管理學的研究與發現，進一步探索好奇心，剖析有目標的好奇心是如何刺激創新和探索。當你學會善用有目標的好奇心來進行思考，不僅能改變看世界的方式，還有能力改變周遭的世界。

要點整理

- 好消息是，你可以透過學習，找到點燃你興趣的癢點，並栽培它。
- 為了發掘潛藏的好奇心，順利展開好奇心之旅，你需要做到以下幾點：
  - 進入正確的心態。你得為好奇心騰出時間，安心地放飛自己的想法，保持驚奇感。
  - 然後藉由以下的問題尋找靈感：如果這樣會怎樣？我確定嗎？下一步是什麼？我

看得夠仔細嗎？我是否到處看了一遍，沒有漏掉任何一點？

- 你怎麼知道要選擇哪個好奇心之旅？值得你關注的癢點，由三個部分組成：邊界、目的和相信。
  - » 挑戰邊界，指的是解決難題、抓住令人興奮的機會，或是前往從來沒有人涉足過的地點。這趟大膽無畏的旅程是靠微好奇心提供動力，換言之，由許多較小的疑惑與謎團所構成。
  - » 目的因人而異。讓目的與自己看重的人生理想產生感情上的連結，能幫助你全心沉浸其中。
  - » 相信必須要具體。作為出發的起點，相信一切皆可理解（或是在他人的協助與提點下，相信一切終究可被理解）。
- 謹記這個去蕪存菁的探索過程既耗時也費心。所以慢慢來，享受這個過程。

第2章　深入稀奇古怪的兔子洞：好奇心強的人有哪些習慣

一般人看到眼前的東西或現象，會問：「為什麼是這樣？」我卻異想天開想著從未出現的東西，問道：「為什麼沒有呢？」

——喬治．蕭伯納，《回到瑪土撒拉時代》（*Back to Methuselah*）

很難做到對夢想不離不棄。展開一段好奇心之旅，需要投入時間、精力和資源，也需要勇敢以對。然而，與其選擇等待與觀望，積極朝著夢想邁出步伐更讓人心滿意足，遑論更有成效。我訪談後發現，好奇心強的人對生活充滿熱情，不太專注於為什麼，而是習慣性地反問：「為什麼不？」

海蒂．拉瑪（Hedy Lamarr）是她那個時代最受歡迎的好萊塢影星之一。拉瑪早在十七歲就被公認為最美的女星。當時她毅然放棄學業，自高中輟學，演出生平第一部電影《街上的錢》（*Geld auf der Strase*），這是一部德國作品。初試啼聲後，她陸續在德國和捷克的電影中擔綱演出，直到一九三二年拍攝德國電影《神魂顛倒》（*Exstase*）讓她聲名大噪，引起好萊塢製片人的注意，很快便與米高梅公司簽約並移居美國。然而直到最近，我們許多人都不知道拉瑪也是一位走在時代尖端的發明家。她對發明的興趣始於五歲，當時她拆解並重新組裝了一個音樂盒。[1]自此，她從未放棄自己的好奇心。

雖然拉瑪在好萊塢拍攝了幾部知名電影，但她從不滿足於演戲而已。她會利用拍攝空檔，在片場東摸西做發明一些東西，自家還擺了一張工作台。在二次世界大戰期間，她與億萬富豪霍華德．休斯（Howard Hughes）交往。休斯是一位創新者，人生使命是不斷挑戰工程和安全的極限，經他改良的飛機讓美軍在二戰時派上用場。受到他的啟發，拉瑪鑽研魚類和鳥類，找出最快速的魚種與鳥種。研究有了結果後，她把世界飛得第一快的鳥（取其翅膀）和游得最快的魚（取其鰭）結合起來，為飛機設計了一個全新機翼。向休斯展示她的設計成果時，他對拉瑪說：「妳是個天才。」[2]

拉瑪在好奇心的驅策下，不斷進行各種實驗。她最偉大的突破或許出現在二戰初期，當時她試圖發明一種裝置，阻止敵艦干擾或偵測魚雷制導訊號（guidance signal）。拉瑪和她的作曲家朋友喬治．安塞爾（George Antheil）喜歡就修補和發明裝置促膝長談。安塞爾回憶道：「我們談到戰爭，在一九四〇年的夏末，戰爭山雨欲來。海蒂說，世界情況這麼糟，她卻在好萊塢賺大錢，心裡感覺很過意不去。她說，她對軍火和各種祕密武器瞭解頗深……她正認真考慮退出米高梅，去華盛頓特區為新成立的國家發明家委員會，貢獻棉薄之力。」[3]

不過拉瑪最後留在了好萊塢，將她的好奇心導向另一個有價值的目標：防止德國人解碼訊息。沒有人知道是什麼原因激勵拉瑪關注這個問題，但安塞爾透露，多虧她的設計，讓他成功發明了實用的模型。一九四一年六月，拉瑪和安塞爾替兩人發明的「祕密通訊系統」申請專利，並在一九四二年八月獲得專利局核准。他們這項產品創意十足，使用了八十八個頻道（無線頻率），與鋼琴的琴鍵數目相同。訊息不是透過一個固定的頻道發送，而是看似隨機地在不同的頻道上切換跳躍，名為「跳頻」（frequency hopping）。如果發送方和接收方事先都知道使用哪些頻道，那麼訊息就不難被破解。但是若無正確的頻率組合，間諜是無法破解訊息的。

雖然美國海軍工程師認為拉瑪的發明過於複雜而拒絕採用，她的專利卻成為其他產品概念的靈感來源。[4]一九五〇年代，美國西爾維尼亞（Sylvania）電子系統部門的工程師，開始研究拉瑪－安塞爾的專利及其背後的概念。一九六〇年代初，西爾維尼亞採用跳頻的概念，不過放棄專利的龐大機械裝置，改用電晶體作為電子系統。該技術在一九六二年美軍封鎖古巴期間，首次被美國海軍應用。[5]

直到數十年後，世人才真正理解拉瑪發明的廣泛影響力。拉瑪和安塞爾在跳頻技術的

> 若想對自己的好奇心計畫保持澎湃熱情，你必須成為自己故事的主角。

突破性成就，開啟頻譜通訊技術的諸多應用，包括 Wi-Fi、GPS和藍牙。一九九七年，由於拉瑪和安塞爾在通訊技術方面的貢獻，獲得兩項殊榮的肯定：電子前哨基金會的先鋒獎和 BULBIE Gnass 精神成就獎，後者的別名是「發明界的奧斯卡獎」，拉瑪則是首位榮膺此獎的女性發明家。[6]

當我們重溫歷史，會發現許多像拉瑪一樣的人。這些人一旦發現了感興趣的問題或機會，會全心全意花時間鑽研，把興趣變成好奇心專案。一如拉瑪，你現在也許已經清楚自己想解決什麼具體而有意義的問題，或是想探索某個陌生的領域。傾聽自己內心的聲音，找到熱情和目標，忽略周圍人士告訴你應該做什麼的噪音。

然後呢？

然後，你必須一步步實現它。為了搔到你已經確定的癢點，你得把一開始在谷歌的搜尋與聊天變成第一步。跳進稀奇古怪的無底洞之前，你必須做到以下幾點：

對你的好奇心專案保持澎湃熱情。
允許自己邁出步伐，進行探索。
向外界大聲公開你的興趣。
放心地把自己交給好奇心。

對你的好奇心專案保持澎湃熱情

拖延是好奇心的大忌。如果你的目標是踏上好奇心之旅，啥也不做絕非選項。我採訪的對象中不乏充滿正能量的勵志人物，讓他們擔心的大患是：無法堅持下去的惰性。他們主張，必須對自己的好奇心大計懷抱理直氣壯、沒在客氣的澎湃熱情，而將癢點轉化為行動專案的唯一方法，就是懂得替自己打氣。如果我們想成就什麼或做到什麼，我們需要興奮感及熱情。有三種方法，可以讓自己心動技癢、躍躍欲試：

- 坐上掌控大局的駕駛座。
- 明白機會一生只有一次，錯過就此別過。
- 專注於有好結果的可能性。

做到上述其中一件可能足矣，但何不把三件事都做了呢？

坐上掌控大局的駕駛座

若要對自己的好奇心計畫保持澎湃熱情，你必須成為自己故事的主角。每個引人注目、讓人難以抗拒的好奇心計畫都有一個主角，這主角就是你，而一路上可能充滿荊棘。位於芝加哥的DRW控股公司是世上最成功的高頻交易商和投資公司之一，創辦人兼執行長唐納・威爾森（Donald "Don" Wilson）讓自己坐上掌控大局的駕駛座，帶領公司度過金融市場在二十一世紀第一個十年的風風雨雨；這十年因為市場動盪，導致DRW在內的許多公司大失血。威爾森沒有被虧損擊敗，反而勇敢迎戰，選擇將挫敗視為機會，並將虧損重新定義為迎刃可解的問題。[7]有了這種心態，他重新為風險管理系統和估價表制定了一個框架。他告訴我：「我們能在很短的時間內賺回所有虧損的錢，同時在那段時間，主導了芝加哥期貨交易所的流動性，因為其他人都有點嚇過頭，不知如何是好。」[8]透過掌控自己的處境——坐上駕駛座，他有效運用好奇心，並從中獲益。

試試這辦法

寫個一頁的故事。點出你想解決的問題或你想探索的世界。解釋為什麼你應該關心這個問題，或者為什麼這趟旅程困難重重。最後，說明你如何打開行動的開關。讓自己成為故事的主人翁。藉這個故事，思考你將跨出的第一步或採取的行動。

明白機會一生只有一次，錯過就此別過

對好奇心計畫感到興奮，需要來點急迫感。你需要引出內心的渴望，善用渴望探索你認為有意義的事物，而且必須提醒自己，探索有時間限制。畢竟人生無法重來，當別人說：「這根本行不通。」好奇心強的人會說：「如果我們現在開始，也許能成功。」

阿南德．阿南德庫馬（Anand Anandkumar）在印度和中國經營一家電腦晶片設計公司，正逢事業高峰卻被診斷罹患癌症。[9]這起惡耗像一記重拳打在他的臉上。戰勝癌症病魔是肉體上、精神上和情感上的一大成就，阿南德庫馬近距離與之纏鬥了兩次。生病提醒他要活得更有意義。阿南德庫馬談到了他的心態：「我只要有份工作和活著就好？還是想要創造幸福的人生，利用餘生去做一些極具價值的事情？我的好奇心因為有了目標（為人

類健康做出貢獻）而動了起來。我在三十多歲時生了一場病，我的使命就是要為人類健康貢獻心力。我對人類健康一無所知，但是我遇到一個絕佳的機會，可以利用餘生好好學習並且調整。」[10]

與病魔纏鬥，代表阿南德庫馬的人生進入關鍵的自我省思期，他開始質疑自己的生活和工作。這種自我質疑對他產生巨大的影響。他明白自己不想再頻繁地從一個機會跳到下一個機會。他覺得時機已經成熟，可以親自參與非凡的事業，為當今世界面臨的一大挑戰提供解方。「我思索了一年，」他說：「然後想法有了一百八十度大轉彎，我決定：『我要為癌症而努力，再也不關心其他任何事。』」[11]

恢復體力後，他立即投入這個計畫，因為錯過這次，可能就沒有下一次了。阿南德庫馬成為 Cellworks 生技公司的共同創辦人和執行長，該公司擅長透過數學模型的生物模擬，進行客製化腫瘤治療。二〇一四年，他另外成立了 Bugworks Research 公司，這是一家深度科學（deep science）新創公司，旨在研發新藥，治療會對多種抗生素產生抗藥性的細菌感染。該公司榮獲許多國家和國際創新獎，是北美和歐洲以外第一家贏得 CARB-X 資金挹注的公司。CARB-X 是美英聯合的非營利組織，因加快新型抗生素研發、對抗超級細菌的使命而得名。一如被好奇心驅策的其他人，阿南德庫馬自己掌控全局，創造一種急迫感，並全心全意推展好奇心計畫。

試試這辦法

寫下你的年齡。假設你每天投資一小時在好奇心計畫，而且你在七十歲之前都還維持生產力，計算一下你總共投資了多少小時。現在重新計算，如果改成每隔一天花一個小時。長時間下來，一如你的一生，你浪費了大量的時間！當你七十歲時回頭看，你會記得什麼？是沒有花在計畫上的時間？還是你花在計畫上的時間？

專注於有好結果的可能性

專注於有好結果的可能情況，也有助於維持對好奇心計畫的熱情。好奇心強的人告訴我：「我可以讓那件事變得更好。」——不管「那件事」是什麼。科學研究顯示，追求目標時，專注於抱負和成就的人，亦即專注於「更上一層樓」（promotion）的人，相較於努力避開損失的人，更可能採取行動。後者以預防為重點，因此步步為營，時時警戒。[12]好奇心計畫以正向思維為框架，期待計畫獲得理想的結果，而非避開不願見到的結果。好奇心強的人用字遣詞強調收穫，他們的故事明顯偏好行動、移動，並滿懷渴望，而非處處戒慎小心、保持警覺。好奇心強的人描繪未來願景時，用字包括**收益**、**利益**、**勝利**、**進步**、

學習、**關心**和**興奮**，而非**避開**、**損失**、**失敗**、**浪費**、**危險**或**預防**。保持這種積極的心態，有利創造探索的空間。你必須承認，任何行動都會開啟新的可能。謹記，你對生活的掌控力往往高於你習慣性的認定。褪去老舊的思維模式，別老想著全權掌控生活中的大小事，放手讓好奇心馳騁，看看它會把你帶到哪裡。

布雷特・洛夫拉迪（Brett Lovelady）是舊金山得獎無數的產品開發諮詢顧問公司 Astro Studios 的創辦人兼執行長，他習慣用問題開始每個新的設計案：「我們的設計能如何改善人類現有的體驗？」他認為：「如果你從這個問題出發，我想它能幫助你用一種負責任的態度，看待每一個專案和問題。」[13]

Astro Studios 的作法大膽又充滿野心，希望透過設計巧思，在全球的文化留下不可磨滅的印記並改善大家的生活。該公司的設計師會先將專案視覺化，讓冷冰冰的專案充滿溫暖的感覺和積極的能量。「如果你確實擅長某些事，」洛夫拉迪告訴我：「你往往會重複做這些事。設計東西時，你必須小心，因為人太容易滿足於以前做過的東西。一個不慎，設計就可能變得老套。畢竟你不像以前有那麼強的好奇心。但我接著又想……我要回到我們的初衷，讓世界變得更好的初衷……我們看著成品時會說：『嗯，這設計真棒。這是一個絕佳的解決方案，但世界需要這個設計專案做什麼？』接下來，我們用各種方式挑戰自己……我認為這一方面是一種期望，另一方面幾乎是一種義務，希望推動文化、產業、市場或經驗往前更進一步。」[14]

試試這辦法

不妨反問自己：「好奇心計畫裡，有哪一部分可能對其他人產生積極的影響？」一旦有了答案，可以把它釘在桌前的牆上或工作室裡，提醒自己，你正在努力改變世界，你的工作是有使命的。改變世界，不一定意謂治癒癌症或一定要完成什麼偉業。例如身為作者，我希望這本書更有可讀性，傳遞更清楚的訊息。我們都可以為世界做出積極的貢獻。現在是開始行動的時候了。

褪去老舊的思維模式，別老想著全權掌控正在做的事，放手讓好奇心馳騁，看看它會把你帶到哪裡。

放手去探索

你現在已愛上你想要解決的謎題或問題，但不知道自己能否順利完成。我們很容易用一堆問題嚇自己，阻止自己踏上探索的旅程。你可能已經在考慮什麼計畫，從一個想法跳到另一個想法，卻遲遲沒有實際的行動，大膽航向陌生的水域。你可能深陷網海、無法自拔，被一條又一條的線索牽著鼻子走，缺乏有系統的思考。上網搜尋資料與靈感是大家慣用的作法，沒有人能免疫，但如果蜻蜓點水般地胡亂搜索，好奇心計畫不可能成形。你必須是掌舵者。

全權掌握自己的好奇心夢想大計，不需要別人定義什麼是成功，不需要別人指定你該有什麼樣的使命與目的，也不需要別人的鼓勵或保證。訪談後我發現，擁有超強好奇心的人行動果斷又迅速；他們努力實現自己的目標時，鮮少無所事事。如果你被歸類為好萊塢演員（或其他什麼角色），那是他們的問題，不是你的。我們經常害怕成為另一種人。害怕掌握主導權。我們需要對自己開綠燈。

蓋文・特克（Gavin Turk）是一九九〇年代初領導英國青年藝術家（Young British Artists, YBA）運動的關鍵人物之一。[15]特克曾就讀切爾西藝術學院，後來進入皇家藝術學院。在該校，特克因為將一整面展示空間留白而「惡名」遠播。整個白牆空間裡，只有一面「英格蘭遺產委員會」的藍色牌匾，上面寫著：「蓋文・特克一九八九年至九一年在此工作。」這作法模仿「英格蘭遺產信託基金會」，在歷史古蹟掛上藍色牌子，以紀念某位知名人物。結果，校方的回應是拒絕頒發學位給特克，但他的才華引起名人收藏家查爾斯・薩奇（Charles Saatchi）的注意，作品受邀在ＹＢＡ展出數次。[16]他用俏皮的方式質疑藝術概念和藝術家角色，為他後來的實作提供了概念框架。

特克的作品一再重申他這種詼諧和質疑的態度。他的雕塑作品包括彩繪青銅、蠟像，甚至垃圾。[17]這些作品被世界各地許多知名博物館和畫廊收藏或展出。特克面對各方好評及藝術名氣反應低調，「我只是想，我的作品至少有我這麼一個觀眾。所以我頒獎給自己，彷彿得到一張藝術家證書。誰會給任何人頒這張藝術證書？你自己就可以頒給自己一張，只要你想要就能得到。」[18]特克的創造性火花一如我所謂的好奇心癢點（curiosity itch），當他談到它時，你看得出他的所言完全適用於好奇心的定義。「我很早就知道，就藝術和創造力而言，每個人多多少少都有創造力，每個人都有資格拿到這張藝術家證照。很多人覺得那是屬於其他人的東西，因此選擇放棄這角色。我想我只是比其他人更能堅持到底。」[19]我們都必須學會頒獎給自己，踏上吸引我們、向我們招手的好奇心之路。

試試這辦法

找到一個免費的獎狀或證書製作範本。然後輸入這些字。「憑此證明，我＿＿＿＿（鍵入你的名字）毫無保留允許自己對＿＿＿＿（填入一個簡短句子，說明你想探索的領域）產生好奇心。」然後寫上日期、簽名，把它放在家裡或辦公室某個明顯處。你就有

向世界公告你的興趣

當你發現你對某件事充滿好奇，與其私下不如公開進行。公開你的好奇心計畫，不管是以口頭還是書面的方式公開，都能挹注動力助你完成計畫。與你敬重的人談談，告訴他們你的長期目標，以及打算用什麼方式實現計畫。

費利西蒂．阿斯頓（Felicity Aston）是英國極地探險家，從南極科學家變成作家、演說家和探險隊隊長。二〇一二年，她成為史上第一位單人滑雪穿越南極洲的女性。共計五十九天、長達一〇八四英里（一七四四公里）的旅程，讓她打破金氏世界紀錄。[20]阿斯頓認為，若你向全世界宣布：「我要做X、Y和Z，接下來就很難打退堂鼓。」[21]她認為，公開要做的事及開始的時間非常重要（即使你還沒有具體的計畫），因為這會逼你對知情的人負責。

邀請別人一起參與，會提高你對該計畫的動力。你已公開承諾要執行計畫，所以找某個（一些）合適的對象，分享你的目標非常重要。二〇一九年，俄亥俄州立大學和賓夕法尼亞州立大學的研究員發現，與你認為身分地位高於自己的人分享目標，有助於堅守目標及整體的表現。[22] 找到你欽佩和敬重的人，他們會鞭策你以免你半途而廢，替你的想法把關、確認是否可行，並讓你對即將上路的好奇心計畫維持續航力。

試試這辦法

一旦你點頭，允許自己探索某個癢點，找到你敬重的人，向他們宣布這個消息，並要求他們每個月緊盯你的進度。簡單吧！

把自己交給好奇心

如何栽進好奇心計畫，因人而異。有些人選擇按部就班的穩定策略。他們從小處開始，對計畫投入時間和精力，清楚地對自己說，現在我在試水溫，然後逐漸進展到放手一搏。一開始就要搞大事，或義無反顧一頭栽進去，不見得是對的。你可以先用腳趾試試水溫，慢慢讓自己習慣這個溫度。

不過，有些人的確一開始就一頭栽進去。他們投資自己和自己的計畫，迅速擺脫對他們無用的東西。循序漸進或一頭栽進，這兩種方式在本質上沒有優劣之別。但你必須以行動來啟動好奇心計畫，即使採循序漸進式亦然。你得走出去，用腳趾試試水溫。實際上，總有一些人不敢冒任何風險，不想為了吸引眼球的新奇事物而放手一搏。正是這種害怕風險的個性，讓許多人選擇從小處著手，偏好用緩慢而穩定的方式探索自己的癢點。這裡有一些方法，可以幫助你摸著石頭過河，探索自己的好奇心。

以腳趾試水溫

事前做些研究

搔癢點：瞭解更多吸引你注意力的主題。你不需要為此拿到學位；你可以在圖書館、書店和網路搜尋訊息。盡量多閱讀和你的興趣相關的領域資料，然後借助谷歌和社群網路進一步搜尋訊息。你也可以觀看網路影片或參加線上研討會，刺激靈感。這些方式成本低廉，甚至免費，能幫助你熟悉令你好奇卻陌生的領域。在你的電腦裡建立一個資料夾，儲存你找到的有趣素材。放心，這種研究簡單到不行。如果這自然而然的第一步，漸漸占用你更多的時間，就等於在告訴你，你正慢慢變成好奇心癢點的行動者。

加入團體

當你確定了感興趣的主題，但尚未想好第一步該怎麼走，不妨接觸那些已經開始探索類似興趣的人。或者更籠統地說，聯繫那些已經成功將癢點轉化為好奇心計畫的人。瞭解他們是如何起步，並收集他們在這最初階段的反思與心得。請他們分享最實用的心得，並借鑑他們的失敗經驗。本書介紹多位有旺盛好奇心的奇人，他們強調及早與專家對話的重要性，不僅幫助他們開始好奇心之旅，彼此也建立了長期的關係。他們發現，與經歷過好奇心旅程並能指導他們的人士對話，至為重要。這些人成了他們的導師、投資人和教練，是長期存在的資源。

班・桑德斯（Ben Saunders）踩著雪橇獨自橫越北極，寫下最年輕男子徒步遠征北極的紀錄。他拖著四百磅的雪橇，在北極惡劣條件下行走了六百多英里，展開這趟冒險之旅前，他曾向專家請教。[23]他告訴我：「我非常幸運，認識很多我視為偶像和榜樣的人。對我來說，最重要的心得之一，是明白自己若問對問題，對方一般都會積極回應。唯有善用智慧和經驗做事，智慧和經驗才具有價值。我很早就發現，我崇拜的英雄都很樂意分享他們的所學，這讓我非常訝異。我十七歲時，寫信給雷諾夫・費恩斯爵士（Ranulph Fiennes），他是英國探險家，是多項耐力紀錄的保持人，包括徒步橫越南極大陸的第一人。他是我當時崇拜的英雄之一，現在還跟我保持聯繫。羅伯特・斯旺（Robert Swan）也是如此，他是一九八〇年代踩著雪橇、步行抵達南北極的第一人。他現在既是我朋友，我上一次的探險，他還是我的贊助人。這對我來說是很大的收穫，原來我們放在神壇上高不可攀的人，其實平易近人，而且多半非常願意分享他們的智慧。踏上好奇心之旅，一路上肯定需要和偶像大量互動。」[24]

試試這辦法

編製一份名單，列出已經有哪些人開始探索你感興趣的領域。更籠統地說，聯繫那些已將癢點轉化為好奇心計畫的人。主動聯繫他們，看看他們是否願意與你談一談。列出一份問題清單，幫助你瞭解他們的旅程計畫，確保與對方結束會談時，至少能得到三項如何開始的關鍵見解。

持續投入心血，小小的實驗便有了生命。

實驗

蓋維・塔利（Gever Tulley）是成功的電腦科學家，他發現今日的小孩缺乏類似他小時候在北加州荒野成長的機會。他說：「現在小孩若跑到戶外玩耍，做些簡單的活動如爬樹，會被父母責罵。但我現在回過頭想想，發現爬樹可是我童年性格形成的關鍵。」[25]他發現，過度保護的養育方式會剝奪孩子對世界的認識，這讓他陷入糾結，久久無法釋懷。因此，他開始找方法，希望讓孩子擁有和他類似的童年經歷。在一次與朋友的聚會上，他確認這問題的嚴重性。塔利從座位上站起來，身體前傾靠在桌沿，公開對大家承諾，他要為這個問題做一些事。[26]由於不滿既有的解決方案，他開始自己的實驗計畫：探索夏令營。二〇〇五年，他創辦了東敲西打學校（Tinkering School），讓孩子透過手作的方式完成一樣東西，在過程中學會使用真正的工具與真正的材料，解決實際碰到的問題，以及進一步瞭解自己。

他的實驗獲得兒童和家長的積極迴響。這讓塔利深信，他必須對這個領域進一步投入，提升教育素質。有時，簡單的問題才能引出最有深度的答案。塔利的願景是辦一所學校，讓學生全權決定自己的學習經驗。於是，二〇一一年，他在舊金山創辦了光明實作學校（Brightworks），該校不同於傳統學校，課程不由教師主導、不以考試為中心，也不講究制式化教學，而是由學生一個人或以小組的形式自行開發設計學習項目，課堂上也沒有黑板或螢幕。[27]學校類似一個實驗室，學生可以測試自己的想法，重複再重複，修正再修正，並打造原型。塔利最初花五分鐘在谷歌的搜尋，最後變成為期多年的實驗計畫。

對你感興趣的主題進行研究、加入一個小組、進行實驗，這些都是直截了當、經濟負

> 有時，簡單的問題才能引出最有深度的答案。

擔得起、門檻又不高的方法，可以幫助你弄清楚自己的癢點是否可能發展成事業。這些起手式（花時間研究、與志同道合的人交談、進行實驗）會創造出奇蹟。

對一些人來說，他們的好奇心始於業餘的愛好；對其他人而言，好奇心是斜槓副業。走上這條路的人很快就難掩興奮之情，因為他們小小的愛好或副業慢慢發展成熱情有勁的偉大計畫。持續投入心血，小小的實驗便有了生命。正如塔利所言：「無論生活還是事業，每一項重大改變都始於追著一個問題不放，始於沉溺在某種好奇心，無法自拔。」

試試這辦法

定一個短期的小目標，想辦法達成。例如，如果你想學法語，學會 être（有）和 avoir（是）這兩個動詞的各種變化。

一股腦兒全押！

有些好奇心強的人無法忍受漸進的方式。他們發現自己的癢點吸引力之大，完全無法抗拒，需要他們立刻投以關愛的眼神並全力以赴，他們放棄已經不再重要的承諾，直接跳進兔子洞探索。他們強烈想要走出自己的道路，立刻拿回命運的主宰權。綜觀他們的故事，發現有一點非常突出：癢點成為他們的天職及使命。他們恨不得服從好奇心的召喚。兔子洞就是他們找到慰藉的方式。這些人全力以赴，孤注一擲；其中有些人認為除了孤注一擲，別無他法。讓我們看看他們一股腦全押的方式。

做你喜歡的事

二〇〇五年，馬克西米利安・布瑟（Maximilian Büsser）拿出自己所有的積蓄，在瑞士日內瓦自創精品腕錶品牌 MB&F。布瑟帶著自家第一款手錶設計圖，拜訪世界各地的知名零售商。當時他只有一張設計圖，希望說服零售商單憑著這張設計圖，就同意先下單付款，並且等上兩年才取貨，以行動支持這個品牌。布瑟完全不確定這個計畫能否成功，但他還是全力以赴。「我想十五年後的今天，我不會有勇氣做我當年所做的事。」布瑟告訴我：「因為你必須徹徹底底瘋了才敢這麼幹。我回顧當年，不禁反問自己：『你當時吃錯藥了嗎？』」[28]

布瑟畢業於洛桑聯邦理工學院，取得微技術工程碩士學位。他對鐘錶和精品名錶愛不釋手，因此畢業後在積家（Jaeger-LeCoultre）擔任高階經理，任職期間讓積家持續成長擴大。後來，他成為海瑞溫斯頓限量腕錶（Harry Winston Rare Timepieces）最年輕的總經理。在海瑞溫斯頓工作期間，布瑟將該公司轉型成備受推崇的精品腕錶品牌。為了做到這一點，他不得不和非常有才華的獨立製錶師合作；他們創造了最先進的機芯。他解釋道：「那是腕錶這一行（不管哪個品牌），第一次承認並肯定為他們製造機芯的師傅。藉由瞭解這些獨立的製錶商，我看到了他們的生活方式、他們的想法，我記得當時心想：『我想成為這些人……就是這些人……。這才是我——這才是我想成為的人。』我曾是一個非常有創意的小孩，後來成為一名銷售員，但我都在為其他人創造東西，創造我認為有賣相的東西。我沒有創造我相信的東西，也沒有創造我喜歡的東西。」[29]

布瑟透過自省，加上和幾位有才華的獨立製錶商合作幾款腕錶的經驗，為他自創的精品腕錶品牌埋下種子。他說：「我花了兩、三年時間。我把想法放在抽屜裡。我在海瑞溫斯頓美麗的大辦公室上班時，會打開抽屜，心想：『這是個好點子。』然後關上抽屜，繼續上班。過沒多久，我又會打開抽屜，然後又關上抽屜。就這樣反反覆覆，到了某個時間點，就像我說的，你和它談起了戀愛。」[30]布瑟愛上製作精品腕錶的想法，決定自己創業。

布瑟不僅在二〇〇五年成功說服零售商購買他設計的腕錶，而且繼續追夢，自創全球數一數二、最受歡迎的獨立精品腕錶品牌 MB&F，被腕錶迷冠上「手腕上的動態雕塑藝術」之名。他的腕錶從數萬美元起跳，並迅速竄升到數十萬美元。

把握時機

馬歇爾・卡爾佩珀是連續成功創業的實業家。他讀到雜誌一篇文章，報導一家新創公司試圖將 Arduinos（一種易學易用的硬體和軟體開源電子平台）送入太空。這家新創公司希望幫助高中生和大學生利用這平台，在設計完以太空為目標的應用程式、電玩、實驗後，能夠上傳到正在運作的太空船執行，藉此獲得來自太空的真實結果。「只要想一想，就覺得這想法非常振奮人心。」卡爾佩珀告訴我：「這家新創公司在 Kickstarter 平台上募到一些資金，正在尋求幫助。」[31] 他把握了這個機會。「我放棄正在做的一切，主動聯繫對方，希望能貢獻我在軟體平台的背景。」就這樣，卡爾佩珀放手一搏，押注全部身家。不到一年，這家新創公司將三顆衛星送到了國際太空站。有了這個成功經驗，他繼續成立 KubOS，這是一家總部設在美國的新創公司，為太空飛行程式開發安全的開源平台。

試試這辦法

寫一篇簡短的部落格文章，說明你為什麼要孤注一擲，放手一搏。解釋是什麼原因刺激你這麼做，當你毫無保留地全力以赴是什麼感受，你預想人生的新扉頁是什麼樣子。

現在就點頭

讓你的好奇心全權主導，能助你擺脫過去對你的諸多箝制。如果你想保持好奇心，一定辦得到，而且還可依據自己的條件。但你必須把你的癢點變成事業計畫，而不只是淺談好奇心是什麼。你必須踏上探索之旅。如果你想保持好奇心，**現在**就跳進兔子洞，勇敢放手一搏，哪怕會不舒服，等到以後再害怕或擔心別人如何評價你。

要點整理

- 現在就對你的好奇心計畫點頭說好。擔心與恐懼，留待以後再處理吧！

- 保持澎湃熱情。熱情是動力，能激勵你將癢點轉化為計畫。
- 允許自己全權掌控好奇心夢想計畫。不要坐等別人告訴你該做些什麼，或者得到他人肯定才開始進行。
- 若發現讓自己興奮好奇的事物，與其私下默默探索，不如公開進行。大聲向全世界公開吧！
- 開始在好奇心計畫當中投資時間、精力和資源。把自己交給好奇心，可以循序漸進，也可以放手一搏、孤注一擲。
- 好奇心計畫感覺不該是你**應該**做什麼，而是你**必須**做什麼。

第3章 用好奇心征服恐懼

生活中沒有什麼可怕的東西，只有需要理解的東西。

——瑪麗・居禮

費利西蒂・阿斯頓獨自一人從羅斯冰棚出發，羅斯冰棚是地球上面積最大的固定浮冰，與南極洲（地球最南端的大陸）的陸地相連。[1]她的目標是抵達位於南極洲對岸隆恩冰棚（Ronne Ice Shelf）邊緣的海格力斯灣（Hercules Inlet）。[2]為了完成這一千英里的旅程，阿斯頓必須拖著兩架雪橇（約一八七磅，相當於八十五公斤），上面裝了足夠的糧食、爐子燃料和滑雪裝備，在六十至七十天的跋涉中，克服極地環境的無情威脅。若她能成功橫越這片廣袤的土地，阿斯頓將締造歷史，成為有史以來第一位獨立橫越南極的女性。

阿斯頓在英國肯特郡西部的小村莊希爾登伯勒（Hildenborough）出生長大，她從來沒想過自己後來會成為探險家。阿斯頓告訴我：「多年前，一位同學對我說：『放眼學校我認識的每一個人，妳最不可能做妳現在做的事。』念中學時，我會躲在更衣室裡，蹺掉體育課。因為上體育課得穿著運動短褲、忍受天寒地凍的天氣，拿著曲棍球桿和一堆人亂鬥。我討厭這一切。」[3]儘管她討厭中學的體育課，但自小就對極地深感興趣。她家的後院沒有高山、白雪或冰川，反而激發她對寒冷氣候的好奇心。她說：「我深受其他地方的吸引，看著地圖，想知道外面的世界是什麼模樣。想到有一塊地，我們可以用自己的想像力與心靈填滿它，因為它似乎是空的，這讓我興奮不已。」[4]

阿斯頓十九歲第一次踏上格陵蘭進行極地探險，讓她確信自己打從心底愛上探險，再也不會三心二意。格陵蘭之行讓她喜歡上極地探險。她說：「我大學畢業後的第一份工作受雇於『英國南極勘測』。這是英國的國家極地研究計畫，工作之故，我被派往南極。當時的長期合約是兩年半起跳。」[5]這個計畫希望在極地地區進行世界一流的科學研究和行動。[6]這份工作讓她在南極洲待了三十九個月，深受南極吸引。返回英格蘭後，她立刻開始為自己籌畫各種探險活動，積極尋找贊助商，爭取資金挹注，包括二〇〇五年加拿大北極地區的三百六十英里越野賽、二〇〇七年長征西伯利亞，以及二〇〇九年的撒哈拉沙漠超級馬拉松（Marathon des Sables）——六天在沙漠跑完兩百五十一公里（一百五十六英里）。[7]阿斯頓的動力來自於非常想體驗與探索這些地區，以及不斷地挑戰自我極限。[8]她成功完成所有的試煉，但這絕非終點。

開始一段旅程，如果沒有清楚的路徑圖，也不熟悉目的地，這時你得放棄完全操之在我的主控權。

每一次的探險都極具挑戰，但在南極大陸的經歷讓她記憶猶新，念念不忘。她說：「在南極那段期間，不管日子是好是壞，你都在現場目擊一切。接下來，難以找到其他東西能跟它媲美。離開南極洲時，心情悵然若失，至少對我而言是如此。我很難再找到能讓我滿懷敬畏、成就感和收穫滿滿的東西。極地地區成為我首要的關注對象。」[9]然後，獨自一人滑雪橫越南極洲的想法，激起她的好奇心。阿斯頓開始為這興奮刺激的極地探險活動預做準備。她仔細研究並挑選合適的高科技裝備，讓她無懼日曬、雨淋與風雪。同時她也接受體能訓練，並諮詢一位專門研究獨處能力的運動心理學家，做好心理準備。[10]

二〇一一年十一月二十五日，阿斯頓搭機飛抵地球最偏遠的地區之一——羅斯冰棚。[11]飛機返航，漸飛漸遠，直到消失在雲層，阿斯頓則開始她的長征之旅，她卻立刻遭到現實嚴酷的打擊。橫越大陸的第一天，她感到非常害怕。溫度接近攝氏零下三十六度（華氏零下三十三度），風大到足以把她的帳篷掀到半空中。當然，冰棚上的裂縫更是讓她吃足苦頭，裂縫會擴大、形成數百英尺深的大洞，且多半隱藏在風吹累積而成的雪堆之下，是最具殺傷力的威脅。[12]她必須時時與絕對合理的恐懼纏鬥，畢竟天敵近在眼前且頻頻發生。

正式展開長征之前，恐懼已開始拉扯她。她回憶道：「我記得正式踏上這趟單人探險之前，晚上都會驚醒，發現自己手心出汗，心裡很害怕，想著不知哪裡可能會出差池。」[13] 驚嚇的感受是天經地義。例如，探險期間若打火機故障，她就無法點燃爐子。狂風讓她的能見度降到不足一百公尺，跨過裂縫猶如等著被判死刑。[14]

她是如何克服恐懼，坦然接受可能危害生命的風險？阿斯頓解釋：「有很多辦法可以克服焦慮。」[15] 例如「提醒自己過去累積的成就，以及這些成就給自己的感受，利用這些肯定自己。面對新的冒險，得慢慢嘗試，在這個基礎上建立更多的信心。再者，學會接受意外，放棄百分之百操之在我的主導權，並在發生意外時，果敢做出決定。」靠著這些攻略，阿斯頓不斷向前邁進。儘管一路上遇到諸多挑戰，她的方法還是奏效了。二〇一二年一月二十二日，她抵達了目的地——海格力斯灣，成為第一位獨自滑雪穿越南極大陸的女性，也是單靠自己的肌力，不靠風箏牽引、狗拉車或機器等外力輔助，獨自滑雪橫越南極洲的第一人。一七四四公里（一〇八四英里）的長征之旅，花了她五十九天時間，讓她在金氏世界紀錄占有一席之地。[16]

恐懼不必然是壞事

毫不奇怪，我們的大腦天生就愛操心。恐懼可成為有利的工具，可幫助我們區隔安全／危險的情況，可鼓勵我們在該謹慎的時候要謹慎。我們的祖先靠著漁獵採集維生，必須時時注意威脅生命或其他危險的情況，例如危險動物和人物是否在附近伺機而動。當我們的生命受到威脅，恐懼會保護我們。恐懼會提供大腦微妙的反饋；大腦據此分辨哪些事比較重要，並敦促我們走上正確的道路。

然而，多數恐懼毫無根據。我們構建的恐懼非但不能保護我們，反而會嚴重限制我們的能力，阻止我們實現個人或事業的目標，體驗幸福的感受，有意義地拓展生活。恐懼會阻礙我們實現夢想，過最好的生活。恐懼會讓我們變得渺小，因為毫無根據的擔憂會阻礙我們進一步探索，僵化我們的思維，對新事物充滿恐懼。[17] 緊張與壓力則會刺激壓力荷爾蒙皮質醇的分泌，干擾神經細胞的生長。長期的壓力更是損害我們的學習能力，不利維持身體健康。

遇到陌生或全新的事物，阻礙性恐懼十之八九的反應是：「假如……會如何……」為了充分善用好奇心，得學會分辨合理／莫須有的恐懼之別。對於那些追求生死交關、專門以冒險為業的人而言，譬如加拿大冒險家和風暴追逐者喬治・庫魯尼斯，好奇心本身就是克服恐懼的最佳良藥。他說：「恐懼的反面是好奇心。如果你害怕某樣東西，你會試圖與它保持距離。反之，如果你對某件事情感到好奇，就會像磁鐵一樣被它吸過去。」[18]

常見的好奇心恐懼

根據波蘭社會學家和哲學家齊格蒙・鮑曼（Zygmunt Bauman）的定義，恐懼是「我們為內在的各種不確定性所取的名字：我們面對威脅、面對要做什麼，都是曖昧無知的」。[19]我為本書採訪了許多人，大多數人跟阿斯頓一樣面臨恐懼。對於新的想法，他們難免會自我懷疑或心生不安。他們經歷了三種恐懼中的其中一種或者全部。這三種恐懼往往阻礙我們去實現好奇心計畫，分別是：對未知的恐懼、冒牌者症候群（impostor syndrome），以及害怕被發現或與眾不同。

對未知的恐懼

開始一段旅程，如果沒有清楚的路徑圖，也不熟悉目的地，這時你得放棄完全操之在我的主控權，因為即使你知道從哪裡開始，也不清楚要如何抵達目的地。我們天生就對未知事物反感，這是生物學上與生俱來的特徵，所以我們會緊抓住熟悉的環境不放，也是情有可原。不過實際上，害怕失敗才是造成我們對未知心存恐懼、阻礙我們探索未知的真正原因。阿斯頓在籌畫探險計畫時，懷疑的是當她獨自一人置身於空曠、充滿敵意的環境時，自己是否已經為這些心理挑戰做好了準備。[20]

冒牌者症候群

冒牌者症候群是由心理學家波林．克蘭斯（Pauline R. Clance）與蘇珊．艾姆斯（Suzanne Imes）率先提出，這是一種相當普遍的心理狀態，指的是懷疑自己不夠好、沒有安全感，老覺得自己是冒牌者，即使明明有非凡與過人的成就。[21]已知的冒牌者症候群會在獲得備受關注的成就或成功之後發作，例如公開受到表揚或獲獎。研究顯示，近七〇%的受訪者都曾有過自己是冒牌者的感覺。即使像大衛．鮑伊、湯姆．漢克斯、女神卡卡和小威廉絲這樣享譽國際的成功人士，也經常承認會感到自己是個冒牌者。[22]擔心自己是冒牌者、有一天會露出馬腳的恐懼，可能會在好奇心之旅的早期階段打擊我們，有時甚至一開始就阻礙我們。我們崇拜有傲人成就的人，尤其是在我們嚮往探索的領域出人頭地的人士，但崇拜他們的同時，也會對自我產生懷疑。我們把自己與成績斐然的名人放在同一個天秤上比較時，會覺得自己毫無勝算，沒有權利（資格）和他們競爭，也沒有權利去追求別人已搶先功成名就的事業。勇闖一個全新的領域或計畫，無論你以前的事業和角色有多出色，都可能讓你擔心自己只是個冒牌者。

害怕被發現或與眾不同

我們知道，學習最好的方式是直接體驗，尤其是把我們拉出舒適圈的活動或挑戰。透過體驗，我們會明白，嘗試卻不幸失敗時，我們會失望、尷尬，甚至羞愧。我們犯的錯也經常被別人緊盯不放，或者用放大鏡觀察和說三道四。這是因為突破界限或斗膽嘗試一些大膽之舉，可能令人害怕。顛覆產業或改變文化，會威脅到現狀，讓其他人感到不舒服。這就是何以順著自己的好奇心行動的人，經常被視為怪咖或特立獨行之士。在酷刑的威脅下，伽利略收回了關於地球繞著太陽運轉的證據。顯見我們有強烈的動機順應潮流，不想成為打亂現狀的麻煩製造者。

我的訪談發現，好奇心強的人會以不同的方式因應他人的評價。有些人表示，他們社交網絡裡的人會試圖「保護他們」，勸他們放棄想要追逐的夢想或計畫，提醒他們質疑現狀的危險性。其他同事和合作夥伴則一副高高在上的姿態，質疑他們的想法有何價值。你不該因為害怕別人的批評或評價而停止前進。

庫魯尼斯強調他是如何看待現實：「人的能力遠高於自己所想，但是大家習慣退縮，認為『哦，我永遠做不到』，或者『我無法勝任那件事，我無法放下一切然後……』。不管他們對什麼感興趣，都不敢放手去做。不過我也一次又一次地看到，有人成功實現自己始料未及的目標。歸根究柢，這只是願不願意嘗試的問題。人都害怕嘗試，而且……不嘗試的代價多半高於失敗的風險。什麼都不做可能是你這輩子最糟糕的決定。如果你勇敢冒險，最後成功了，那麼恭喜你。如果你冒險嘗試卻以失敗作收，那就從中汲取教訓。如果你什麼都不做，最後既沒有成功也沒有學到東西。不作為的風險遠超過勇於一試。真的是如此。」[23]

無畏的好奇心

我聽過愈多這本書的受訪對象讓人瞠目結舌的好奇心計畫，就愈清楚看到，這些頂尖成功人士都用了類似以下的方式戰勝恐懼。我把這些辦法命名為五點計畫：

一、讓奪夢者（dream stealer）靜音。過濾外部噪音，努力讓一部分的外在世界靜音。

二、將恐懼重構為問題、謎題和實驗。

三、向內看，讓內心的批評者安靜。

四、探索你注定要成為什麼樣的人。

五、把恐懼變成你的第二天性；讓恐懼成為好奇心之旅的一部分。

讓奪夢者安靜

好奇心強的成功人士，為克服恐懼所做的第一件事就是調低外界的音量。他們當然會受到其他人的啟發；雖然可能吸收來自各方的建議，但不一定會聽從所有的建議。好奇心強的人會清除頭腦中無關緊要的東西，特別是其他人如何評論自己大膽的嘗試。周遭人聽到我們有什麼新計畫時，可能會感到不自在，接著會把他們的恐懼投射到我們身上，就像一些父母經常不自覺地讓孩子聽命於自己根植於恐懼的思維。

第一章提到的知名得獎動畫導演黛西・雅各布，在念研究所期間發現定格動畫的魅力——使用照相機拍攝，然後連續播放一張張未經加工的照片。她解釋：「在 2D 動畫，你需要回頭編輯並精修圖像，重新賦予某些環節生命，並添加層次感。但是在定格動畫，你拍攝照片，就這麼簡單。靜態照片就是動畫的原始素材，然後再拍下一張照片，這些靜態照片都是動畫的一部分。」[24]定格動畫片是勞力密集型的工程，你可能會花一整年製作一部短片（長度不到十分鐘）。在雅各布就學和工作期間，許多人質疑她對定格動畫的好奇心：妳能用它做什麼？它對妳找工作有何好處？妳要如何靠它賺錢？[25]

我們的批評者不會對我們造成影響，他們投射的是自己對世界的看法。他們可能告訴你，你的探索計畫過於困難或不值得。甚至可能唱衰你，直言你做不到，幹嘛費心嘗試。雅各布忽略這些奪夢者的雜音，開始努力精進，專注於她的定格動畫短片《大人物》（*The Bigger Picture*）。這部短片講述兩個成年兄弟與年邁母親的故事，他們經常吵架，但最後真正明白人生中什麼才更重要。[26]「我開始嘗試結合繪畫和定格動畫，因為我喜歡繪畫。很久以前畫插圖時，就很喜歡繪畫。」[27]投入創作，意謂她得整天待在大型車庫裡製作大幅的圖畫，把畫出來的人物或物體變成動畫，完全沉浸在自己打造的世界。她說：「這幾乎就像把一切的外務屏除在車庫外。彷彿對自己說，我對這件事感興趣完全是名正言順，我將花一年的時間全心全意投入。」[28]相信自己感興趣的東西，就會忽略負面消極的聲音。

別忘了是我們容許自己的夢想被奪走。把自己和周圍的人比較，可能是危險之舉，但這也是天性在作祟。美國艾默里大學教授佛朗西斯科斯・德瓦爾（Franciscus "Frans" de Waal）主持的經典研究發現，捲尾猴用石頭換到黃瓜片時，開心得不得了（黃瓜片是捲尾猴最愛的食物之一），但是一看到旁邊的猴子拿到葡萄，突然就抓狂，把黃瓜片丟還給研究員，變得焦躁不安、氣嘟嘟地拒絕進食。[29]

捲尾猴的反應就是我們人類行為的翻版。幼兒時，我們開心玩著自己的玩具，但是一看到其他小孩拿著更閃亮的玩具，心情開始不爽。就學期間，老愛和同學比成績。就業後，和同事比薪水、比頭銜。今日，我們生活在一個被大家拿著放大鏡檢視、評頭論足的時代。我們周遭有些人很在意自己的社群媒體帳號獲得多少按讚數；如果有人寫下負評，我們會覺得沮喪。有些人會費心設計社群媒體上的個人簡介，營造一個完美形象，讓其他人覺得望塵莫及。

在日本，川本泰志、浦光宏、平木和夫攜手做了一項研究，調查被他人排擠的問題，受訪者是五百名二十至三十九歲的青壯年。結果發現，與好奇心不高的同齡人相比，好奇心強的受訪者（在好奇心和探索量表II得分較高的人），不太可能出現對生活的滿意度下降或愈來愈憂鬱的傾向。[30]這些研究結果顯示，好奇心能讓我們更快走出被他人排擠或拒絕的內傷；這種遭遇往往使人備覺沮喪。「不要浪費時間擔心別人對你的看法。」之前提過的精品鐘錶商布瑟這麼說：「如果你害怕犯錯，這和『別人會怎麼想我』是同一回事，都會讓自己形同坐牢……相較於失敗，『別人會怎麼想？』扼殺更多人的夢想。」[31]

在我任教的一些商學院裡，我記得我曾被其他人批評，因為我的興趣和研究範圍比一般學者更廣泛。由於興趣廣泛，當我試圖研究不屬於我專業領域的事物時，我會聽到以下質疑的聲音：「你不覺得堅持做你熟悉的事更妥當嗎？」「你為什麼要在這個新領域探索這個研究問題？」「難道你沒發現這不符合你目前的研究嗎？」「你想過繼續走下去的機會成本嗎？」「你得花好幾年才能在這個領域發表新的東西！你是不是犯了一個愚不可及的錯誤？」這些質疑確實有一些道理，因為超出自己專長的探索**是**有風險，如果管理不善，可能會變成虛擲光陰。然而，許多同事都低估了探索未知或不解的現象的重要性；這種探索是支撐所有出色學術研究的基礎。

試試這辦法

思考一個你想探索的新領域、新想法或新主題，並與不同的人分享。寫下他們有哪些疑慮、反對意見，以及他們覺得你這想法可能有什麼問題。在家裡或職場選擇一個讓你感到舒適的地方，屏除外界的一切干擾。然後對自己重複：「我對這個感興趣，很正常。」

分析別人向你聊起的疑慮，並深入研究你最新的冒險計畫。如果別人的疑慮有道理，就認真解決。如果疑慮不成立，就刪了吧。

好奇心能讓我們更快走出被他人排擠或拒絕的內傷；這種遭遇往往使人備覺沮喪。

將恐懼重構為問題、謎題和實驗

當你對某個目標產生好奇心，你可以更輕鬆

地向前邁進，因為好奇心本身能助你改變對恐懼的因應方式。這種作法叫作「重構」（reframe），亦即在確認自己所作所為有何意義時，能夠凸顯與作為相關的面向，同時排除不相關的細節。[32]有些人將恐懼重構成需要克服的問題或謎題，這種策略可讓你享受與恐懼面對面的過程。重構這種技巧提供你新的視角，讓你克服恐懼，甚至在恐懼中茁壯——恐懼變成謎題或需要破解的密碼，而非需要害怕的東西。之前提及的連續創業實業家約翰·佛塞特（Quantopian 的共同創辦人）解釋：「如果九九·九%的人無法解決這個難題，那有什麼風險可言？如果〔你〕試了，很可能跟其他人一樣以失敗收場，但如果你試了，而且成功了，那就很了不起，你做到一件幾乎沒有人能做到的事。」[33]

其他人則將冒險進入未知領域的恐懼重構，變為實驗。邁可·洛勃森（Michael Robotham）是國際推崇的犯罪小說作家，兩度獲頒英國犯罪作家協會最佳小說金匕首獎，並兩次入圍美國愛倫坡獎的決選名單。[34]他在澳洲出生，成年後移居倫敦，從事新聞工作，當過記者，後來被拔擢擔任《星期日郵報》的專題副總編輯。他熱愛新聞工作，但他自小就夢想成為全職小說家，他從未放棄這個夢想。[35]於是他決定離開《星期日郵報》，成為自由撰稿人，替《星期日泰晤士報》和數本雜誌寫稿。

同時，他也開始當代打寫手，因為他想知道自己能否維持自律，長期不輟地耕耘一本書。[36]幕後寫手成為洛勃森轉職的跳板。期間，他為藝術、體育、政治和軍事領域的名人完成十五本傳記。一九九六年，洛勃森回到澳洲，繼續寫作。[37]二〇〇二年，他的第一本驚悚小說《嫌疑犯》（*The Suspect*）在倫敦書展掀起版權競標戰，最後譯成了二十四種語言。「這本小說當時以一百一十七頁的樣章，賣出世界各地的版權。」洛勃森告訴我：「所有出版商都是根據一百一十七頁的內容買下這本書的版權，我不能告訴他們小說的結局，因為我也不知道結局是什麼。」[38]

我問他，好奇心是如何激勵他，成為如此多產的犯罪小說家？洛勃森解釋，少有人走過的路像磁鐵一樣吸引他，因為這會讓他的生活更有滋有味。他刻意將冒險進入未知領域重構為一種實驗，一如他以實驗精神鋪陳小說的劇情和人物角色。他說：「在我最新上架的一本小說，〈實驗〉圍繞一個衰運纏身的十多歲少女，以第一人稱的視角敘述。這對作家是艱鉅的挑戰，不僅要進入另一個人的皮膚裡和她融為一體，而且這個角色和我還是截然不同的人。這就是我讓寫作一直保持在有趣狀態的辦法。冒險讓我害怕；如果我感到害怕，我就知道它有趣味了。如果我害怕犯錯，害怕別人指責我錯了，這也不錯，因為這會督促我加倍努力，努力把它做對。」[39]洛勃森認為，他的實驗是短暫而非永久的工程，是一種探索和學習，而非為了結果本身。

試試這辦法

你有什麼恐懼？可將恐懼重構為問題、謎題和實驗。

向內看，讓內心的批評者安靜

好奇（curious）一詞的字根是拉丁文cura，意思是「關心」（care）。在興趣和同理心驅策下，培養自我好奇心，始於用較正面的聲音取代內心負面的聲音。

我：我將開始進行這個關於好奇心的研究計畫。

內在小聲音：你對這個主題瞭解多少？你什麼都不知道！

我：我會盡可能瞭解它。

內在小聲音：哦，你才不會。

我：我還想寫一本關於它的書。

內在小聲音：你？寫書？哈－哈－哈，別逗了！

傾聽內在批評的聲音，難免會讓自己受到影響，阻礙下一步的行動。我們大多數人，從來沒用正確的方式正視、處理自己的疑慮，任由恐懼阻礙我們的雄心抱負。

與其認定可怕的預測結果就是結論，不如仔細而理性地分析內在的恐懼。不妨對自己慈悲些，先按下暫停鍵，然後分析腦袋裡的負面聲音。接下來，寫下積極正面的描述，對抗那些負面消極的想法。克服消極負面思考的最佳策略，就是寫下與它相反的積極想法。例如，與其說「我害怕做這件事，因為我可能會失敗」，不如對著鏡子跟自己說：「我已做好準備。如果我失敗，我會再試一次，因為第一次失敗，不代表最後一定會失敗。這只是邁向成功必經的過程。」

克服消極負面思考的最佳策略就是寫下與它相反的積極想法。

另舉一例，不妨想像你對跑步抱著好奇心，但你從來沒有運動的習慣。你第一次進入當地的跑步社團，不認識任何人，感覺其他每個人都比你強。你的腦中開始出現慣性的擔心：「如果我跟不上怎麼辦？」「如果我失敗了怎麼辦？」「如果其他人覺得我拖累他們的進度怎麼辦？」「如果他們不喜歡我怎麼辦？」等等。當這些疑慮出現時，你可以透過改寫劇本來擺脫疑慮。

問：如果我跟不上怎麼辦？

答：我會和組長商量，詢問社團有沒有不同配速的組別，這樣我就可以選擇速度和我差不多的人一起跑步。

問：如果我失敗了怎麼辦？

答：萬一真如預期失敗了怎麼辦？果真如此，那又怎樣？我將繼續加油，再次嘗試。我練習愈久，成績就會愈好。小組的每個人一開始跑步多少都會遇到挫折。

問：我怎樣才能把自己融入小組之中？

答：首先，我將關注當下，接受自己是初學者的事實。其次，我將專注於學習和求進步。最重要的不是我的跑速，也不是我何時抵達終點，而是我必須出現。我正在跑步，而且會跑完。第三，我目前的速度在我的組別中不是最快的，這其實對我利多於弊。我覺得自己非常有動力持續參加。

問：我的恐懼言之成理嗎？

答：是的。畢竟我從來沒有跑過。但就恐懼而言，這只是小菜一碟。如果我有什麼需要，小組裡的人都會伸出援手協助我。

試試這辦法

嘗試新東西，刺激你的好奇心。深呼吸幾口氣，不要被憂慮、自我懷疑擊垮，也不要將可怕的預測結果視為結論，而是更仔細、更理性地分析自己的恐懼。當你分析內心的負面聲音，要發揮好奇心探索自我，而非批判自我。接下來，寫下積極正向的描述，翻轉消極負面的想法。

探索你注定要成為什麼樣的人

讓自己休息一下，別老是和他人比較。讓內心的批評者閉嘴，才能騰出空間探索自我，找出自己誠實、真實、脆弱的一面。不要讓別人的意見以及自己消極的想法等噪音淹沒你內心的聲音。反之，把好奇心的聚光燈聚焦在自己身上。任何探索多半都是自我的探索。

你必須盡可能地發現更多的自己，以此克服恐懼：找出自己的獨特之處，探索可能的收穫與成長，挑戰自己的極限。照此方式，好奇心猶如回應你內在神祕的召喚。

是什麼讓你與眾不同

我們在第一章提過羅貝塔・盧卡。她出生於巴西里約熱內盧，大學主修資訊，後來取得企管與行銷的碩士學位，進入社會後在巴西的電視台工作了七年。[40] 她看到電視公司為了改善觀看體驗，針對多種不同的技術進行實驗，希望提升和觀眾的互動，這點燃了她的好奇心，開始思考打電玩是否也能有類似的體驗。「看電視（或電影）很輕鬆，」盧卡解釋：「你只須坐著觀看。不過遊戲需要思考，你得在獲得獎勵之前完成一些要求。」電視觀眾是被動接收資訊，電玩成了另類選項，盧卡被電玩沉浸式體驗的潛在樂趣所吸引。她離開巴西，搬到倫敦，一圓自己的興趣。當時她工作毫無著落，也沒有人脈，而且幾乎不會說英語。

她結合自己廣泛的好奇心及十分敏銳的創業嗅覺，自行創業或與他人共同創立了幾家公司，包括遊戲公司博薩工作室（Bossa Studios）。這是一家獲得英國影藝學院電影獎肯定的遊戲開發公司，也是歐洲最成功的電玩公司之一。全球有數百萬人是該公司電玩的玩家。盧卡還成立一家客製化3D列印珠寶公司，並推出一個人工智慧教練應用程式。

盧卡暫時放下工作，將好奇心內轉、探索自我，想進一步瞭解自己是誰，分析是什麼特質讓她與眾不同。她對許多事情感興趣，職業觸角很多元，而不只是成為單一領域的專家。這項特質刺激她踏上自我發現之旅，她想瞭解自己為什麼做了這麼多五花八門的事。經過探索，她發現自己若嘗試成為專家，會讓她覺得無趣。就在這時，她發現「多潛能者」（multipotentialite）一詞，是作家和藝術家艾蜜莉・瓦普尼克（Emilie Wapnick）首創，用來形容擁有多元興趣，以及一輩子喜歡求新求變的人。[41] 盧卡告訴我：「當我發現多潛能者一詞時，我對自己感到更自在。」她放任好奇心馳騁，帶領她成為電腦科學家，然後轉換跑道成為實業家，再斜槓成為天使投資人，成為有影響力的人之後，又搖身一變成為公共演說家。她貪婪地探索一切新東西與未知的下一步，而且胃口不斷擴大。

試試這辦法

對一個新領域產生好奇心，可能會讓我們感到不安。因為我們可能沒有這個領域的背景或是未受過相關教育。我們可能覺得自己是個冒牌者。但我們可以藉由好奇自己為什麼擁有與眾不同的特質，來克服這種恐懼。我們應該定期反問自己幾個問題——什麼、為什麼、為什麼不，以及如何，來瞭解自己為什麼會有這樣的行為表現，並與自己的內心世界溝通。我們的目標不該是把自己變成已進入這個領域的眾多人士之一，而是找出自己能為該領域貢獻什麼新的見解。

好奇地想知道有何好處

踏上好奇心之旅的好處十分顯著。學習感興趣的東西，能讓你接觸到新的機會、不同的商業活動和嶄新的體驗。這些旅程能豐富生命。此外，我們可以進一步瞭解自己，變得更有自信、更強大、更有韌性。反覆做同樣的事，或許能讓我們更有效率、更成功，而且可能更富有，這些沒有什麼不對或不好。不過，擁有安穩和舒適的生活，可能會讓我們保持現狀。在此讓我自以為是一下。放棄有保障的薪水、放棄我們努力耕耘的安全感，甚至可能熱愛的事業，聽起來很傻。我並非鼓勵大家僅為了改變就放棄你熱愛的工作或生活。如果你喜歡目前從事的工作並從中得到滿足感，請繼續下去。

然而，我們一直忘卻（有時是有意識，有時是下意識）自己之所以將就於不再令人滿意的現況，往往並非只是惰性或拖延症使然，而是一種看待世界的方式在作祟。除非我們能夠放下陳舊的習慣，否則安全感和例行公事會讓我們安於現狀與畫地自限，猶如囚犯。對我們許多人而言，確實會覺得改變安全舒適的生活現狀並不合常理，甚至生活明明已經食之無味，也不願改變。和一些勇於追逐自己好奇心的人士交談後，我發現他們有能力走出安於現狀的習慣和心態。例如其中一些人離開企業界的高位，放棄隨之而來的安穩與福利，勇於出來另立門戶，將自己的想法付諸實踐。他們放棄企業家注重規畫、按部就班的心態，改而把自己想像成敏捷靈活的創業人士，擁抱並實現自己熱愛的事物。我們可以在孤注一擲跳下懸崖前，問自己幾個關鍵問題：「我已完成對這個世界和自己興趣的探索嗎？找到了嗎？確定就是它嗎？如果我放棄目前正在做的事，我將獲得什麼？我將變成什麼樣的人？」

深入研究上述問題，迫使我們放棄一些眼前的保障，擁抱未來可能更具潛力的目標。一旦辨認走出既定疆界，會帶來哪些好處，好奇心將推動我們克服對未知的恐懼。好奇心開啟了思考和探索新事物的機會。腦科學專家塞巴斯蒂安．海斯勒（Sebastian Haesler）領導的研究發現，腦部受到新的刺激會釋放多巴胺，這是負責幸福感的化學物質之一。[42]換句話說，換個環境或嘗試新事物會讓我們興奮。有趣的事發生了。我們若對自己瞭解愈多，我們愈熟悉什麼對我們有意義，什麼是鼓勵我們往前的動力，什麼是我們存在的目的。盧卡向我解釋：「我投入一個新的領域之前，得先熬過學習與探索的辛苦過程，鞭策我走完這段辛苦道路的動力，是最後達到的目標：『如果我不做這件事……就必須由其他人來做，對吧。其他人若還是無法勝任，說不定還是要由我來承擔責任。』」[43]

專注於好奇心計畫的目標與結果，有利於建立對自己的信心。這種自信將回過頭來提供你圓夢的行動力。專注於利益與收穫，就能克服憂慮。幾週後，你開始擴大的可能性，恐懼和疑慮逐漸消失。它們會再出現嗎？你無從得知，但可以肯定的是，現在並沒有出現。

試試這辦法

花幾秒鐘時間，想像一下未來最好的自己是什麼模樣。然後問自己：「如果我踏上實現好奇心的旅程，我將獲得什麼？」如果你思考一下，你從某個特定領域（如事業、人際關係或健康）得到的收穫，這個練習會更有效。

挑戰自我，超越自我極限

哈肯・霍伊達爾（Håkon Høydal）是挪威日報《世道報》（*Verdens Gang*，簡稱VG）的獲獎調查報導記者。早在二〇一三年，霍伊達爾在另一名記者的協助下，寫了一篇報導，揭露報復式色情（revenge porn）。這篇報導揭發了幾個人擅自上傳盜用的女性裸照。這篇文章引起電腦專家艾納・斯坦威克（Einar Stangvik）的注意。[44]他主動聯繫了霍伊達爾，告知他對這篇報導的看法，並建議他和 VG 如何進一步深入調查。[45]

霍伊達爾喜歡斯坦威克的看法，兩人決定合作。他們花了幾個月的時間追蹤網上上傳報復式色情照的不法人士，其中包括一名當地的政治人物，事情曝光後，他丟了工作並入獄服刑。[46]他們的調查報導非常成功。在報導見報後，霍伊達爾和斯坦威克徹底翻查了刊登照片的網站。[47]經過分析，他們找到其他似乎提供文件共享服務的網站。他們進入了許多兔子洞，從這些兔子洞又鑽進其他的兔子洞，許多網站刊登的內容非常可怕，不忍卒睹。斯坦威克深入虎穴後發現，在所謂的明網（clearnet），也就是不須加密，公眾利用一般搜尋引擎就可存取訊息的網站，有大量令人不安的兒童色情製品。[48]在全世界，他們發現有九萬五千個 IP 位址從這幾個明網下載虐待兒童的圖片與影片。[49]

然而，霍伊達爾和斯坦威克明白在暗網可以找到更多東西。暗網是所有非法活動的網路空間，包括出售信用卡號碼和毒品。暗網只能透過一個名為 Tor 的特殊瀏覽器瀏覽。[50]在暗網中，霍伊達爾和斯坦威克發現幾個虐待兒童的網站。斯坦威克於是編寫一款複雜的演算法，讓他和霍伊達爾能夠在不看文件的情況下，迅速對數以百萬計的檔案加以分類。[51]潛入暗網後，他們果真發現了犯罪活動，進而揭露世上最大兒童虐待暗網幕後的元凶。他們這一勝仗等於明白告訴犯罪者和虐待者——別以為你們躲在暗網裡就不會被發現，你們無所遁形。[52]

試試這辦法

花點時間思考你想實現的興趣。你將如何實現它？你能不能走得更遠、更深入，發展更大的規模？想一想，有哪些恐懼可能會阻止你挑戰自我的極限，以及你要如何克服這些恐懼。

把恐懼變成你的第二本性；讓它成為好奇心之旅的一部分

既然叫舒適圈，離開舒適圈當然讓人不舒服。但這正是我們應該擁抱及接納的作法，而且應該保持下去。刻意製造機會，讓自己盡可能與恐懼面對面。我訪談的每個人都提供類似的建議：每天做一件讓你恐懼的事。接著再做另外一件，然後再換一件。這個辦法讓你足夠熟悉面對恐懼的感受，把恐懼漸漸縮小成為好奇心之旅的一個小角色。我訪談的對象多半都同意，我們因為缺乏自信而在大大小小的事情上裹足不前。我們降低對自己的期許，覺得自己達不到預期目標；而且習慣和好奇的對象保持距離。我們必須勇於站出來，相信自己的能力。如果我們不相信自己，如何讓其他人相信我們呢？

正視恐懼，可從芝麻綠豆大的小事開始。例如你非常害怕公開演講。你可以參加一個

> 除非我們能夠放下陳舊的習慣，否則安全感和例行公事可能會讓我們安於現狀與畫地自限，猶如囚犯。

線上課程或一個短期的面授課程。向擅長公開演講的人請益，以開放式問題詢問他們如何克服怯場或緊張等恐懼。在家人和朋友等友善的聽眾面前，練習演講。我訪談的對象多半不會以衝刺百米的速度離開舒適圈，而是採取一次一小步向前邁進的方式。跨出第一步最困難，因為感覺非常嚇人，強度大到難以負荷。但是一旦你真的開始，恐懼的威力就小多了。

妮可・庫克（Nicole Cooke）在南威爾斯的威克長大，很小就開始騎自行車。[53]她四歲便對自行車產生好奇心。她清楚記得自己很喜歡在鄉間騎著自行車，探索沒去過的地方。[54]她也記得，小時候的比賽如何成為轉捩點。熱情擴大成為想要實現的事業夢。她開始參加當地的比賽，十二歲時，跨國參加在荷蘭舉行的比賽，與男性騎士一較高下，總成績拿到第五。[55]那次的比賽以及後續其他比賽給了她信心，讓她相信自己可在自行車競賽的領域闖出一片天。她開始思考，如果她在青年時期表現不錯，她可以繼續挺進，拿下青年組世界錦標賽冠軍，然後再下一城，進入成年組的職業生涯。[56]

她對自行車職涯懷抱高度熱情，搭配不斷挑戰自我極限的動力，讓她成為英國歷來最成功的自行車運動員之一，無論是國內比賽還是在國際舞台，她都戰績輝煌，抱回奧運和世界各大比賽的金牌、十個國內比賽冠軍、兩次環法賽、環義賽、兩次世界盃系列賽……族繁不及備載。[57]她最大的成就是二〇〇八年登上雙冠王，成為第一個在同一賽季拿下世界盃和奧運公路賽金牌的自行車選手。[58]

我們每完成一小步，感覺就更靠近成功，也有動力繼續向前。如果開始感到驚慌害怕，可參考庫克的實用建議：「試著比平時再堅持久一點。如果我們停留的時間夠長，練習的次數夠多，整個過程就會變得沒那麼難受。」她說：「英國有自行車草地錦標賽——類似在賽道上比賽，只是賽道上鋪了草，騎士得在泥濘的草地上與阻力奮戰。我不被允許參加該錦標賽的高年級組賽事，但緊接著高年級組比賽之後，所有原班人馬都會參加另一場賽事，只是比賽形式有所不同。於是我報名參加了那場比賽，並擊敗了草地錦標賽高年級組的冠軍。我不是在錦標賽擊敗剛剛才被加冕的英國冠軍，但手下敗將是同一人。」庫克補充：「之後我寫信給英國自行車協會說：『好啦，我顯然夠厲害，足以打破你們不安排十六歲以下組別比賽的論點。』最後，英國自行車協會改變初衷，在一九九八年首次舉辦了十六歲以下的女子錦標賽。」

專注於我們已經在做的事，而不是尚未做的事，會增加我們的信心，勇敢嘗試規模更大的挑戰。我們學會面對自己的恐懼，就有能力迎戰一切，連帶強化我們的自尊。我們學會相信，無論發生什麼事，我們都會挺過來。庫克說：「我認為緊張和自信之間存在差異。做好準備會產生自信，但希望自己的準備化為具體結果，卻不確定自己的策略以及可能發生什麼事，難免會緊張。但就自信而言，我一直知道在比賽時，我與競爭對手的實力差距。」[59]

信心就像肌肉，透過拉伸而成長。當信心變得更強，我們就會開始問：「下一步是什麼？」這種感覺會讓人上癮。這種方法看似過於簡單，但確實有效。約翰．安德科夫勒（John Underkoffler）在麻省理工學院媒體實驗室工作了十五年，專精於全息技術、動畫和視覺化技術，後來被好萊塢名導史蒂芬．史匹柏延攬，替電影設計人機介面。[60]安德科夫勒決定離開波士頓，移居洛杉磯。大家可在二〇〇二年的科幻電影《關鍵報告》中看到他的傑作。湯姆．克魯斯在電影裡戴上人機介面的特殊手套，取代鍵盤與滑鼠，看著螢幕上勾勒未來犯罪的影片，透過手勢咻咻隔空快速翻閱與控制影片。[61]

這種獨特的手勢介面，應用了安德科夫勒早期針對點觸式介面（point-and-touch interface）的研究結晶，稱為 g-speak。安德科夫勒的技術在《關鍵報告》露臉後，引起商業界的好奇心。《財星》五百大企業的幾位高層與他聯繫，想知道他為電影打造的東西是否真實存在。[62]由於不少公司青睞他的技術，加上他希望能進一步精進 g-speak 技術，安德科夫勒決定自行創業，在洛杉磯成立了歐布隆公司（Oblong Industries），致力於將 g-speak 介面落實到現實世界。

他從學術界進軍電影界，再轉戰商界創辦自己的公司，我想知道他如何走過轉型遭遇的挑戰與不安。他告訴我：「我可能被心理學家或精神科醫師歸類為內向型的人，我覺得也不錯。事實證明，很多企業家都屬於內向型，所以他們需要額外的勇氣和精力，才能讓事業突飛猛進。我知道要克服不安與不適，唯一可靠的辦法就是分泌讓人興奮的純腎上腺素——那種讓你保持好奇心的純腎上腺素，因為它會刺激你換位思考。」[63] 坦然接受自己的不適的人會尋找機會，以各種方式「上台」，開始與觀眾互動。一旦接受自己的不安與不適，將幫助他們正視恐懼，並努力克服。

試試這辦法

坦然地不做計畫就放手去做。到了新環境，不開導航程式，在該地慢跑或騎自行車。參觀從前沒去過的博物館、畫廊、商店。你的任務是享受這些不一樣的活動，不去控制。

我們可像膽大的兒童和青年一樣，讓好奇心凌駕於恐懼之上。現在該是踏入未知領域、挑戰自我的時候。我訪談的對象中，有人不得不做出可怕的決定，有人甘冒滿大的風

險，有人逼自己改變（儘管會帶來不適）。你可能也面臨過這些情況。你還記得自己做了什麼嗎？是讓事情保持原狀，還是付諸行動？你是穩紮穩打，還是放手一搏？

在我寫這本書的時候，一場新冠大流行病正在改變世界。這種改變讓人害怕。人類天生害怕改變，但我不想生活在恐懼中；我想保持健康的好奇心。儘管全球大疫情造成許多悲劇，全球人類的健康拉警報，經濟出現鉅額損失，即使情況糟糕透頂，總有一些積極正向的東西，可讓我們從中受益。新冠疫情並沒有征服我們。反之，它讓我們更強壯，學會了適應，希望這個過程讓大家更瞭解自己。我們並非固定地一成不變，而是可以靈活地隨機應變。擁抱這種靈活性，會讓我們受益匪淺。我們會對自己產生更強的好奇心，想知道自己如何最有效地善用時間，如何在工作中茁壯成長，以及能為他人做些什麼。

我們發現，每一趟厲害的好奇心之旅，主角都會不怕冒險、緊抓住機會，勇於實現願景。對一些人而言，他們的好奇心之旅比較是出於個人價值觀使然。他們願意放棄成功的事業，過著不確定的生活，以便追求個人的抱負。還有一些人大膽跨越常規，因為他們的點子或好奇心太有突破性，甚至可能改寫或顛覆他們原來所在的行業。這些人願意放手一搏，嘗試說不定能重塑他們的生活，乃至改變世界的使命與任務。好奇心讓我們願意承擔更多風險，理直氣壯地提出問題，而且不怕犯錯。如果我們清楚辨認自己面臨的恐懼，理解克服恐懼的辦法，恐懼就會大幅縮水。所以不妨勇於面對並質疑自己的恐懼，然後向前邁進。選擇跟隨自己的好奇心，看看自己會被帶往何處。世界上有無限可能。

要點整理

- 當你踏上好奇心之旅，有三種恐懼可能會悄悄出現：
  - 對未知的恐懼
  - 冒牌者症候群
  - 害怕被發現或與眾不同
- 有一些屢試不爽的辦法能協助你戰勝恐懼
  - 過濾外部噪音。讓外部世界的雜訊靜音。
  - 將恐懼重構為需要解決的謎題。
  - 向內看，讓內心的批評者安靜。
  - 探索你注定要成為什麼樣的人。
  - 把恐懼變成你的第二天性；讓它成為好奇心之旅的一部分。

第4章 成為專家——而且宜快不宜慢

各行各業的專家一開始都是生手。

——據信出自海倫・海斯（Helen Hayes）

前面提過、連續成功創業的實業家馬歇爾・卡爾佩珀說，他喜歡創業，是因為你「花了很多時間闖出一條不好走的路。你必須在充滿不確定的情況下前進，這需要創造力也需要足智多謀。老實說，有時候你會走很多冤枉路才抵達目的地。」[1] 如前所述，卡爾佩珀對一家新創公司嘗試在太空中使用開源平台 Arduinos 的計畫，感到非常好奇，後來進入這家新創公司服務，最後乾脆自己創業，成立 KubOS。[2] 卡爾佩珀必須快速成為專家，但他面臨艱鉅的挑戰。他既沒有正規的資格認證，也沒有天文學方面的相關經驗。好在他沒有被自己的天真嚇到裹足不前，反而被潛在的商機誘惑，終日沉浸在天文學的領域。他發現，在網上搜索深度的分析與見解，對他非常有幫助，但他發覺特別有用的是，線上學習讓自己專注於學習。當學習告一段落，最新的ＩＧ貼文都還在，不會消失。

平台 Coursera 關於天文學和航太工程的線上課程。[3] 卡爾佩珀的目標是找到一個框架，在這個框架上建立他在新跑道所需的知識。

像卡爾佩珀一樣，許多朝九晚五的人決定自學新技術、另創事業，或探索感興趣的新領域。由於急切地踏上好奇心之旅，就算缺乏相關的正式資格或經驗，並不會讓他們卻步。即便有些人在某個學科有一定的背景，也很快意識到必須進一步學習新知。他們專業領域的相關知識可能非常尖端，甚至連大學最近的課程可能都跟不上業界的腳步。好奇心強的人，必須學會在短時間內吸收新知和技能。幸運的是，有一些策略和工具可以協助你迎頭趕上新知的演變速度。

你是自己的校長

當你滿懷熱情，想要盡可能深入瞭解激發你好奇心的領域時，你可以創造自己的學習環境、設定學習目標，並規畫自己的課程。首先要專注：盡可能精準地確定你想學的東西，然後決定哪種結構最能幫助你實現此目標。你需要一個安靜的空間閱讀、寫作和思考？還是需要一個有適當設備的工作室？需要留意的是，當你第一次深入研究某個課題，相關訊息可能多到讓你難以招架。你不必氣餒，但你確實得明智地分辨訊息的品質和可信度，以及是否與你的學習目標相關。作為自己的校長，你必須擔負以下職責：

- 建立自己的框架。
- 設計自己的課程。
- 建立自己的社群。
- 成為對話行家。
- 拼湊資訊碎片。

建立自己的框架

你必須有具體而明確的學習目標。你想學習什麼？為你想學習的科目制定時間表。提醒你，大學一門課每週大約上課三小時，持續十四週（或一學期）。以此為參考座標，制定自己的學習時間表。此外，也要考量完成課堂作業的時間，所以每週得再加五個小時。試著每週拿出差不多的時間（大約八小時）學習。有些巧思與創意可以幫你挪出一些時間。例如，日常通勤時間等於上了一堂課：搭乘巴士或捷運時，想辦法排除噪音，專心閱讀。

如果你是自己開車，可收聽播客或有聲書。把注意力聚焦在你好奇的新事物上。

完成時間表後，必須按表操課。如果一開始覺得難以日日照辦，不要灰心。專注力如同肌肉，如果已經萎縮，就必須努力訓練，讓它恢復原狀。撥出一小段時間，集中注意力閱讀一本書或一篇網路文章。專注於現在正在做的事情，而不是昨天做過或明天要做的事。別忘了規畫休息時段。如果發現自己的學習需要更長的時間，就多給自己幾個學期。要讓自主設計的課程助你實現目標，必須兼顧兩個簡單的基本原則：堅持每日的例行公事，並且刻意選擇獨處。

堅持每日的例行公事

二〇〇九年，沃恩．布朗內爾接掌加拿大量子運算公司 D-Wave 執行長一職，他知道自己雖然擁有深厚基底的傳統電腦運算知識，還是得額外吸收有關量子運算的新知，因此他向多位專家請益，並安排密集速成課程：他採用家教的形式，讓自己快速學習量子運算這個領域的知識。[4]「我每天接受 D-Wave 專家一個小時的輔導。」布朗內爾回憶：「他們幫助我按照自己的節奏學習，直到我掌握了量子運算技術的基本知識。」[5]當你設計自己的學習進度，規律和自律必不可少。為自己建立一套可以重複的結構與模式，有助於保持穩定的節奏，讓你更有效率地管理時間，充分善用當下。

刻意選擇獨處

由於我們的生活充滿干擾，所以一心想要滿足自己好奇心之癢的人，會刻意選擇獨處，這種紀律與習慣絕非偶然。在家裡或辦公室找一個安靜的私人空間，作為自修與學習的空間。如果找不到這樣的空間，可以到附近的圖書館找一個安靜的位置。如果這些方法都不管用，可使用降噪耳機避免分心，同時把其他電子設備都收起來。在學習的時段，禁止使用社群媒體。如果必須使用筆電、平板電腦或手機上網閱讀資料，請關閉所有的社群媒體應用程式及通知。讓自己專注於學習。當學習告一段落，最新的ＩＧ貼文還在，不會消失。

歐利・歐爾森（Olly Olsen）在二〇〇三年與他人共同創立「辦公室集團」（Office Group）。該公司的業務飛速成長，在英國和德國成立了五十多個精心設計的靈活辦公空間；這些空間如今容納了兩萬多名會員。[6] 被問及如何實現一個又一個好奇心計畫時，歐爾森深思熟慮後，強調獨處的重要性：「獨處可能是在公園散步，可能是一趟旅程，可能是任何一種與他人保持距離的方式。」[7] 歐爾森並沒有小看獨處的難度。他指出，很少有地方能讓你完全無法上網、與外界切斷聯繫，或真正遠離人群。儘管如此，他說：「當我切斷和所有科技的連繫，以及與所有人的互動，這時是我好奇心戰力最活躍的時候。」

設計自己的課程

你已經撥出學習的時間，也為學習找到一個沒有干擾的空間。現在困難的部分來了（但也是有趣的部分）：收集必要的資訊，精通這些你需要知道的資料，以利實現你的好奇心計畫。

該從哪裡開始呢？大多數時候，這是一個嘗試錯誤的過程。要想在一個新的領域中迅速獲得最新資訊並累積有用的相關知識，須遵守兩個基本原則。一，從雜訊中濾出有用的訊息；二，勿照單全收一切資訊。換句話說，找到需要的資料與文獻，須先評估好壞：它是來自權威的刊物嗎？是最新的資訊嗎？是否通過該領域專家的審查？接受本書採訪的人士各自有一套把關的作法。他們發現，周遭有很多不錯的建議，但他們不一定全部採納。他們把資訊區分為：**必須**學習的內容，以及無關但有趣的學習內容，並以此為依據，區分什麼是噪音、什麼是重要知識。再一次重申，區分資訊無非是為了提高專注力。例如，負責倫敦博物館中世紀／中世紀後館藏品的資深策展人海柔．佛席斯（Hazel Forsyth）說，限制閱讀時間，幫助她專注學習必須精通的資料。[8]

幸運的是，我採訪的專家們提供指南，建議我們如何悠遊在感興趣的新領域，以及如何深化我們的知識。這辦法看起來像三門密集課程。好奇心一〇一：線上搜索攻略、好奇心一〇二：沉浸在新領域，以及好奇心一〇三：有紀律地與意外不期而遇（serendipity）。

好奇心一〇一：線上搜索攻略：不要從一張空白頁開始

網際網路有很好的資源，但你需要的資訊往往不是一次點擊就能立刻得到。因此，執行搜索之前，建議先設定時間限制並確定重點，避免浪費時間、粗暴地用不同的參數進行你能想到的各種搜索。首先，在網上查閱其他人的心得分享，廣泛瞭解你感興趣的新領域。已被他人收藏和傳播的知識有兩大好處。首先，你藉由瀏覽別人正在做的事，瞭解這個領域的現況，並在此基礎上進一步精進。問自己兩個問題：什麼東西是新的？什麼東西真的有趣？過了一段時間，你會累積自己的知識與理解力，這將成為實現好奇心計畫的基礎，幫助你進一步突破極限。第二，當你自己進行第一手研究（primary research），例如直接與專家交談，如果你知悉已存在的相關研究，會顯得更具可信度。

藉由保持好奇心和探索精神，我們可以更輕鬆地從網路多元的管道（比如文章、學術研究、報告、部落格文章、線上家教、線上課程）吸收專業知識，這些資源都可在網上輕易存取。搜尋的資料來源依照內容進行分類。比方說，你可以搜尋社群媒體（如臉書和推特〔編按：已改名為X〕），或是值得信賴的新聞出版物，如《紐約時報》、《金融時報》、《經濟學人》和《科學美國人》等。你也可以搜尋專業領域的出版物和開放存取的資料庫（如 arXiv，一個免費開放式資料庫，收集的科學性論文涵蓋數學、物理學、天文學、電氣工程、電腦科學、計量生物學、統計學、數理金融和經濟學等領域）。[9] 你可以利用教育平台如 Coursera、線上社群（例如資料科學家、機器學習從業人員使用的 Kaggle），以及全球各地大學提供的線上課程。你也可以使用其他工具，包括新聞聚合器（如 Google Alerts）和應用程式（如 Feedly），這些工具可以優先推播你感興趣的文章。

當我們目標明確地追求並實踐好奇心計畫，可以善用網路搜索；為了豐富搜索內容，可以根據主題和內容，加入能啟發我們的播客和紀錄片，讓搜索結果更多元。我們可以在 YouTube、Vimeo 或 TED 等平台，盡情享受自己喜愛的影片；收聽播客，收聽關於歷史、技術、科學等資訊，甚至偵探故事（只要能引起興趣），充實我們正在進行的好奇心計畫。

你開始研究一個新領域時，請參考以下指南：

一、在你感興趣的新領域尋找人氣領先的部落格、播客、紀錄片及其他出版物。
二、找出該領域的頂尖人物（如學者、科學家、實業家、獨行俠）。還有誰正在崛起？
三、瞭解在該領域領先群雄的組織和企業（如新創公司）。

好奇心一〇二：沉浸在新領域：深入挖掘

實踐好奇心計畫的人並不完全依賴數位資源，他們除了坐在電腦螢幕前，也會走出去實地考察，包括造訪檔案館、向專家學習、「不走正途的學習」（亦即突破傳統教育框架）

等方式，藉以豐富自我學習。

參觀檔案館

每週有好幾次，我都會出去走一走，收集靈感。我參觀博物館、藝術館和任何可能刺激靈感的地方。在一次散步途中，我發現維多利亞和艾伯特博物館的吉爾伯特展廳正在舉行一個特展。策展人是雅克·舒馬赫（Jacques Schuhmacher）和他的同事愛麗絲·明特（Alice Minter），特展主題是「被掩蓋的歷史」，揭露納粹掠奪珍寶的歷史，為某些博物館館藏的出處及所有權提供寶貴的見解。[10]我花了一個下午的時間，透過策展人製作的詳細導覽手冊，以及展出的物品，瞭解這些物品背後波折的歷史。

我對這些有趣的館藏品感到好奇，並詳讀導覽手冊中「你如何研究那些不想被發現的東西？」。然後，我主動聯繫舒馬赫，瞭解他如何對這麼敏感的主題進行溯源研究（provenance research）。他告訴我：「沒有什麼比研究原始檔案更重要。這取決於你研究的主題，但你必須考慮你想瞭解的文物可能在其他地方留下過痕跡或文件。這或許不是立即可見。例如，你不應該僅僅因為納粹搶走猶太人的財產，就只去看納粹機構的檔案，你還必須查看德國藝術品經銷商的檔案，他們可能代表德國猶太人，幫助想要離開德國的猶太人出售資產。你也許想查閱猶太家庭留下的紀錄或他們在新國家落腳後建立的檔案，敘述他們在德國的經歷。你可能想看看回憶錄、家人間的通信、可能描述這些文物的照片等等。你會想讀一讀報紙或期刊雜誌，看看這些資料裡是否出現過這些文物。」[11]

舒馬赫倒推時間，逐步回溯事件發展的過程，直到確定在納粹統治之前與期間，這些物件的主人是誰。他還花了大量時間翻閱學術文獻、拍賣公司或高調收藏家出版的目錄，尋找相關物件的歷史軌跡。和過去的文本、圖像和物件進行想像式的互動，提供我許多寶貴的見解。這些可不是靠搜索引擎就能輕易在茫茫網海搜到的結果。

向專家學習

布朗內爾建議向專家請益。[12]如果你使用圖書館，請圖書館員介紹可靠而有用的參考資料。圖書館員受過這方面的訓練——所以不妨善用他們的專業知識。或者直接找權威人士。上網查看學院和大學的網頁，找一找感興趣領域的相關課程簡介，然後看看授課老師是否在網上提供課程大綱。若你想搜尋有公信力的研究資料，這個課程大綱和閱讀清單會提供不錯的起點。屢獲殊榮的英國記者、二〇〇五至二〇一〇年擔任《金融時報》總編輯的萊昂內爾・巴伯（Lionel Barber），則建議大家快速瀏覽一本書或一篇文章，看看內容是否符合需求。[13]

身為不留情的評論家，巴伯強調在時間壓力下迅速做出判斷非常重要。他說：「你得迅速決定〔某訊息〕是否值得閱讀。我通常會閱讀五個段落，看看能否發現有益工作的重要論點。」[14]如果他認為找不到重要訊息，就會把文章放一邊，繼續尋找。這一點絲毫不令人意外，目標明確、實現好奇心計畫的人，不會聽到或讀到什麼就照單全收，而是會揭開表象，深入挖掘更多的東西。他們對網路上的內容非常謹慎。他們不是被動的讀者，而是喜歡問東問西的積極求知者。他們會確認資訊的品質優劣。

和過去的文本、圖像和物件進行想像式的互動，提供我許多寶貴的見解，這些可不是靠搜索引擎就能輕易在茫茫網海裡搜到的結果。

一頭栽進書店；發掘新領域專家的著作。在書架前花點時間搜尋引人入勝的書籍。尋找讀得快又易讀的書籍。本書第一章介紹的荷蘭鬼才設計師約蘭・范德維爾解釋，要瞭解一個陌生的主題，他習慣前往圖書館的兒童和青少年區。「我喜歡談論空間設計的雜誌和書籍。而且很多時候，當我試著瞭解一個主題，我會去逛兒童區，因為我可以找到一本書，清楚又簡單地解釋我不熟悉的主題。這是快速瞭解某個主題的方法。」[15]

不走正途

沉浸在自己的文化或異國文化中，也是讓人眼界大開的新領域學習經驗。我稱這種辦法是「不走正途的學習」，借用滑雪人士冒險進入沒有人煙、尚未開闢的雪道（off-piste）的說法。好奇心強的人經常一頭栽進飲食、設計場景、研究機構、交通中樞、歷史古蹟，瞭解當地人的生活以及各種現象的運作方式。藝術家蓋文·特克向我解釋，他有一次到莫斯科進行文化之旅，去某個剛認識的莫斯科人的家中作客一天。他說：「我是偶然間認識這個人。他邀請我去他家，在一間非常小的公寓，家裡都是書。他剛好有個朋友來訪，唱起俄羅斯歌謠，講述他們的故事。這裡的人把公寓變成藝廊，舉辦展覽，然後輪流去別人家，參觀他們的藝廊。」[16]特克開啟所有感官，盡情體驗這趟文化行。他找機會與人聊天，聽他們的故事，瞭解他們的生活，這一切在在令人難忘，也豐富了這趟文化之旅。[17]

好奇心一〇三：有紀律地與意外不期而遇

充滿好奇心的人，在學習過程會預留空間給意外的驚喜，以及不期而遇。這種習慣有點像是你去了圖書館或書店，原本要找和自己研究相關的資料，卻站在扯不上邊的書區。

不過你仍然意外找到與研究主題多少有些關聯的書籍（或者更重要的是，找到刺激你靈感的書籍）。學習如何有紀律地與意外不期而遇，是你的必修課程之一。

首先，如果我們希望自己有更旺盛的好奇心，必須伸出更多觸角，對很多事感到興趣。若想建立豐富的人生資料庫（以利往後幫助我們解決問題），最好的辦法就是看重掀起短暫漣漪的好奇心（ephemeral curiosities）。正如安德科夫勒在一次談話中，告訴我意外邂逅的重要性：「那是充滿樂趣的一刻。我喜歡聽別人講述科學家或藝術家的故事，因為以前都沒聽過，所以現在又多了可學習的對象。這重新點燃我的好奇心燭火；火焰又重新開始燃燒。」[18] 你也可以為自己創造這樣充滿樂趣的時刻，列出似乎對自己沒有立竿見影意義的清單，譬如書籍、論文、會議和影片，花點時間瀏覽。我向你保證，沿著這條興之所至的意外路徑走下去，你一定會有不期而遇的斬獲。只不過，一如其他研究，得限制自己在這條意外路徑逗留的時間。記錄出走的時間，限制在總研究時間的一五至二〇％。你得明白，若超過這個上限，可能會搞砸剩下的研究工作。

有好奇心的人也明白，人終究習慣在同溫層體驗生活，所以這些人多半有意識地尋找不一樣的經驗與事物，也就不足為奇。他們會列出與自己觀點相左的閱讀清單，包括出版物、部落格、播客和影片等等。他們還會聯繫或接觸擁護其他觀點的人士，設法瞭解到底是什麼訊息導致這些人做出與自己相反的結論。

表現好奇心，問對方問題，發現對方有趣的一面，會讓對方更樂於打開心房分享，也會刺激他們問你問題。

有時候，好奇心強的人明白，他們即將展開的計畫是前無古人，自己是一馬當先的先驅。第一章提到CMR Surgical手術機器人公司的共同創辦人佛洛斯特，以不到六年的時間，將公司從新創圈一路推升到獨角獸的地位（市值約十億美元或更高）。佛洛斯特認為，即使現成知識裡找不到可激發你好奇心的知識，你也可以從不凡的旅程中學到東西。「當然，我閱讀了所有關於醫療設備的研究，因為我有興趣。」佛洛斯特說：「此外，讓我著迷的是其他實業家展開的旅程，亦即他們在各自產業推動前進的轉盤，我嘗試從中學習並將學到的經驗應用到這個市場。我找不到一本書，講述如何在英國建立一家大型的醫療設備公司，因為這本書還沒有被寫出來。我們在英國找不到先例，無法追隨或複製另一家公司走過的道路，所以只能參考其他人在相似領域的經驗，從他們走過的旅程得到啟發並學習他們的經驗，然後將這些經驗應用到自己感興趣的旅程（手術機器人）。」[19]

建立自己的社群

持續擴大你所在領域的疆界，有助於發展多元、強壯、不斷成長的網絡，同時也要建立自己的導師群和顧問群。好奇心強的人，從各種來源吸收專業知識，並且打從心底向一路走來幫助過他們的人不斷表達感激之意。踏上好奇心之旅後，一開始要把時間用於經營這些支持系統。你必須自己承擔建立社群的責任和工作，但是隨著社群逐漸成長壯大，你的人際網絡會自然而然地發展出來。

成為一個對話行家

好奇心意謂著主動向外界伸出觸角。與陌生人交談，比起跟熟悉的人交談，往往更具挑戰性，但這樣的接觸最終獲得的回報大於最初的不安和挑戰。主動與陌生人交談，可幫助我們拓展人際網絡、提高知名度，並培養更廣泛的同理心。我們變得更有能力看到對方的內心世界——包括生活、經驗和世界觀，這一切都很不一樣。[20]我們習慣性認為自己不會喜歡跟不認識的人互動，然而，賓州大學心理學教授艾瑞卡・布斯比（Erica Boothby）與葛斯・庫尼（Gus Cooney）、薩塞克斯大學的吉莉安・桑德斯卓姆（Gillian Sandstrom）、耶魯大學的瑪格麗特・克拉克（Margaret Clark）的研究顯示，情況正好相反。[21]實際上，與陌生人（而非朋友或親人）互動，可以增進幸福感。[22]為什麼？因為我們會感覺和別人產生連結。

你需要跟誰交談？想一想誰在這個新領域已經取得一些成就，試著瞭解他們是如何做到的。師法一部分的作法，這麼一來，你已取得若干優勢，不必從零開始。為了建立自己的社群，好奇心強的人會主動聯繫專家、尋找和自己一樣好奇心強的同路人，並積極主動地拓展人際網絡。

試試這辦法

拿出勇氣。為自己定下目標：每週與一位陌生人交談，比如遛狗人、健身房同學、咖啡店的咖啡師等等。

主動聯繫專家

極地探險家班・桑德斯告訴我，主動聯繫已實現類似目標的人，讓他獲得寶貴的見解、知識，可為接下來頗具挑戰性的探險活動預做準備。[23]

建立一個專家網絡至為重要。這些專家各自擁有不同的專業知識，有時甚至具備獨門的利基知識（niche knowledge），但這個人際網絡的建立需要時間。桑德斯說：「我在小眾化的不同領域找到了許多專家，無論是衛星追蹤、全球定位系統、食品營養、體能訓練，乃至服裝設計等，不一而足。我認識一位威爾斯人，他以手工製作探險服，經營很小的生意。還有一位挪威人為我製作雪橇，用的是克維拉纖維（Kevlar）和碳纖維，也是純手工製作。」[24]

閱讀書籍、個案研究、學術研究或報告等資料，先熟悉你感興趣的陌生領域，**然後**才主動聯繫深耕該領域的專業人士。掌握最新的發展和其他相關訊息，以免對談時浪費專家的時間。你可能不敢主動接觸該領域的專家，沒錯，一開始確實讓人害怕、裹足不前。所幸你可以參考一些步驟，降低焦慮感，同時提高成功見到專家的機率。牢記，最重要是做好準備、態度恭敬有禮。

從準備工作開始——愈充分愈好。一旦你確定想交談的對象，並安排了會面，務必做好充分的準備。和專家見面之前，盡可能多閱讀關於他們的訊息。上網搜尋他們的簡介（透過公司／個人網站或 LinkedIn），閱讀相關的新聞報導，觀看他們接受過的採訪與影片，熟悉他們個人及他們的旅程經驗。找出彼此的共同點或值得在會面時評論的面向，這將助你和他們建立融洽的關係，並在一開始就讓他們放下戒心。

然後，確定你想在會面時探討的問題或話題，把它們寫下來。確定對談的大致方向，會讓你感到更輕鬆和自信，也代表你尊重專家的時間。此外，寫好一張清單，確保你不會漏掉任何一個重要問題，否則錯過這次，可能就沒有機會重來。

寄出邀請信或電子郵件給對方，明確表明你希望邀請對方與你會面。信件內容必須讓你和你的計畫具有可信度，比如寫出引薦你和對方見面的人是誰，以及你還曾訪談過誰。這些都能解釋你的身分，以及你為什麼值得對方見上一面。可參考以下的樣本。

邀請信或電子郵件

______（寫下聯繫對象的完整地址）

______（日期）

______（姓名）您好，

我是______（你的頭銜、任職的公司或組織名稱）的______（你的名字）。

過去幾______週／月／年（你對這事進行了多久），我持續地採訪世界知名的思想領袖，他們都是在______（你專案的重點）執牛耳的人物，採訪內容主要是為了完成______（書籍、產品、報告、TED演講等等）。______（寫幾句你對該主題的強烈興趣。譬如，為什麼你覺得這個領域很重要？為什麼選在這時研究？）。______（你希望能填補這部分的空白）在很大程度上，仍是未被開發的新領域。

您已是一位有成就的＿＿＿（寫出對方的特長），我深受您的成就吸引。您＿＿＿（寫出一件令你感興趣的特別事件，以及你主動聯繫他的原因）。由於＿＿＿（寫出他與眾不同的過人實力），刺激你跨界進入這個新領域，我覺得您將是這個領域最具啟發性的受訪對象之一。

迄今，我已採訪了全球不同領域的高成就人士，包括＿＿＿（提及產業別）（例如，＿＿＿（填入一些代表性的名字））。我希望有機會與您進行一次充實又知性的訪談，進一步瞭解＿＿＿（你希望討論的主要領域）。

我知道您一定很忙碌，所以我向您保證會談非常簡短。我可以聯繫貴組織中的哪一位，詢問會面或去電的方便時間。或是您也可以撥打＿＿＿（手機號碼）或寄送電郵至＿＿＿（電子郵件地址），與我聯繫。

非常感謝您考慮受訪的請求。

祝順心安好

＿＿＿（你的姓名）

讓自己從對話中獲益匪淺

好奇心強的人會在生活中找到激情，他們為人熱情、有禮之外，也不吝分享自己的時間、知識和人脈。根據我的經驗，當你主動接觸這些懷抱好奇心、把自己推升到所在領域金字塔頂端的人，一定會問你問題，因為他們天生好奇心強，喜歡問東問西。他們也想瞭解你。喬治梅森大學的心理學教授陶德・卡什丹（Todd Kashdan）和派崔克・麥克奈特（Patrick McKnight）、佛羅里達州立大學教授法蘭克・芬誠（Frank Fincham），以及南伊利諾大學艾德華茲維爾分校教授保羅・羅斯（Paul Rose），在一項研究中要求受試對象，和陌生人進行交心式的談話或是輕鬆閒聊。結果發現，好奇心強的受試者在兩種情境下，都覺得拉近了與談話對象的距離，但好奇心較弱的人並無這種感覺。[25] 表現好奇心、問對方問題、發現對方有趣的一面，會讓對方更樂於打開心房分享，也會刺激他們問你問題。上述研究顯示，有來有往、有問有答、有給有得的精神，可增進親密關係。

但是，究竟是什麼原因能讓你跟你想拉進人際網絡的專家來場精彩的對談？可遵循三個基本規則。

首先，你必須和他們建立融洽的關係，但不要試圖推銷自己。如果對方同意與你對話，你和他就已達到某種程度的融洽關係。提醒對方，你不是專家，你的旅程還在起步階段。

對話時，找出彼此的共同點，並利用這些共同點逐步建立和諧、信任的關係。設定友好的基調。現在還不是閒聊的時候，但一開始確實可讓談話輕鬆一點。

第二，要表現出有興趣的樣子，而不是在審問。我是一個學者，研究方式包括訪談，以及實地觀察對方在工作場所的表現，所以我非常強調要打從心底顯露感興趣的樣子。這一點的重要性再怎麼強調都不為過，有時這個過程甚至像在引誘對方一般。一個好的對話不是審問對方，而是認真傾聽他們的想法。遲早對方會把你當成自己人，打開心門，傳授知識給你。

奈杰爾．圖恩（Nigel Toon）是人工智慧電腦製造商 Graphcore 的共同創辦人兼執行長，負責革新全球的晶片製造產業，並將公司從二〇一二年的卑微起步帶到二〇一八年的獨角獸地位。在這個神奇旅程中，圖恩與不同的專家交談，包括科學家、工程師和投資人。他說：「這同時也是一個心理學問題，當你和其他人一起工作，如果你讓他們感覺良好，覺得自己是專家，覺得自己是老師，他們感覺爽了，就會以非常開放的態度與你分享更多訊息。如果你好好傾聽、積極地傾聽並適時鼓勵他們，你可以鼓勵他們提供更多的解釋，告訴你更多詳情，超出他們平時可能的回應。」[26]

人們喜歡談論自己，問對方幾個精心挑選的問題，也是一種心理戰。這些問題讓你看起來對對方很感興趣，對話於是順利展開。喬治梅森大學的心理學教授卡什丹和紐約州立大學水牛城分校教授約翰・羅伯茲（John Roberts），在另一項研究發現，如果你在對談中表現出真心實意的興趣與好奇心，會給人更溫暖、更有吸引力的感覺。[27]難怪好奇心強的人，多半比一般人更擅於和陌生人打交道。

第三，提出開放式的問題，讓對方更深入地思考。封閉式問題（如是非題）既不能鼓勵對話，也不能刺激對方冒出新的想法。像記者一樣思考，從某種角度看，你就是記者，像在記者會一樣提出記者會問的問題：什麼、誰、為什麼、何時、何地、如何等問題，促使受訪者按照自己的方式與觀點思考並回答問題，不加以限制。讓受訪者有時間思考你提出的問題；安靜思考會產出深思熟慮的答覆。例如，本書採訪的幾位新創實業家，展開好奇心之旅時，與一連串的專家或產品的潛在客戶見面，透過提出開放式問題，瞭解他們的工作模式、需求和願望。你是怎麼開始的？你怎麼進行你的工作？會牽涉哪些東西？遇到什麼挑戰？聽完受訪者的回答後，繼續詢問更深入的問題，進一步瞭解受訪者的觀點和經驗。這會讓受訪者感到興奮，協助你更深入地探索。

避免含有隱性假設的問題。與其問「什麼原因讓你決定成為一名太空探險家？」，不如問「你是如何成為一名太空探險家的？」。避免急於下結論，保持你的好奇心態，持續追問為什麼。開放式問題對好奇心之旅將是大加分，因為對於未知又感興趣的領域，我們正在尋找答案、解釋、故事和見解。開始詳細地記筆記，或者事先獲得對方的許可，錄製對話內容。

最後，不要被一開始聽來像外語的技術性專有名詞或細節嚇到而中斷對話。如果你真的不理解剛剛會談中提到的內容，請直接說你不懂。談話結束時，利用總結的時間提幾個總結性問題，幫助你整理出一些最重要的見解，或者需要進一步澄清的問題，並詢問對方對於對談的整體想法、印象或結論。給自己足夠的時間，加上更多研究之後，一切會變得更加清晰。談話一結束，別忘了立即感謝與你對話的專家。

感謝和互惠

寫一封感謝信或電子郵件。根據不同的受訪者，客製化你的感謝訊息，讓受訪者知道你從他們那裡學到了什麼、他們做了哪些貢獻，以及他們如何為你的好奇心之旅增色。理想情況下，你希望能和他們建立持久的互惠關係。這是你回饋他們有價值訊息或資訊的機會，以報答他們的幫助。保持聯繫，並努力回饋。請參考以下的感謝信範本。

感謝信範本

＿＿＿＿（人名），您好，

謝謝您在＿＿＿＿（交談日期）與我分享您寶貴的見解。感謝您花時間與我交談。如果我可以以什麼方式回饋您，請告訴我。您分享了許多有價值的觀點，例如＿＿＿＿（他們精闢的見解），＿＿＿＿（他們觀察到令人敬畏的事物），＿＿＿＿（改變你看待這個領域的視角），我非常感激您提供的這些見解。

祝您有愉快的一週，並再次感謝您！

找到有好奇心的同伴

在缺乏外在刺激的真空環境裡學習，一點也不好玩。找到其他跟你一樣有好奇心的人，可以和他們討論你的旅程和想法。這些對象不需要是公認的專家，他們一樣能給你啟發與激勵。倫敦皇家藝術學院時裝系主任佐薇・布羅奇（Zowie Broach），靠著前衛、結合時尚與藝術的服飾品牌布狄卡（Boudicca），建立斐然名聲。她強調被其他好奇人士包圍的重要性。她說：「我受過傑出人士的訓練，他們教我什麼是好奇心模式，而且我們會被其他好奇心強的人吸引，觀察他們的模式，並在他們的模式下學習。」[28]

那麼，問題來了，你如何找到其他好奇心強的人？邦帕斯 & 帕爾（Bompas & Parr）是一家倫敦的前衛「食」驗公司，主打多感官的餐飲體驗，在全球引領風騷。該公司不斷突破界限，並且在一路實驗的過程中，幫助大家學習更多東西。共同創辦人山姆・邦帕斯（Sam Bompas）強調，若要找到同好，應該參加展開好奇心之旅人士的演講。他告訴我：「通常我最喜歡的講座，主講者不一定是那些成就斐然、知識豐富、曾在各種場合受邀演講的講者。」他接著說：「而是講者非常緊張的講座，因為這對他而言是全新的體驗，沒有經驗，但他真的關心自己正在做的事。我一直在嘗試涉足新的東西，比如小眾關注的領域。」[29]

尋找那些有好奇心體質的人。第一章提到威利曾是谷歌的高級主管，負責谷歌紙板頭盔（Google Cardboard）、谷歌探險（Google Expeditions）、Daydream VR 平台、Daydream View VR 頭盔等部門。威利把參加受邀才能與會的 ORD Camp 視為優先要務。他形容這個營隊是集合科學家、藝術家、創作人士和技術專家的混合體，涵蓋各個領域的好奇人士。他參加各種會議和「非會議」（指的是沒有正式安排主題與講者的聚會），讓自己被這些領域相近或相距甚遠的人士包圍。[30]威利解釋，與這些人建立連結至關重要，因為他們好奇的問題可能與自己類似，或者已經走過他感興趣的旅程。[31]

> 如果你真的不理解剛剛會談中提到的內容，請直接說你不懂。

發出你的訊息

二〇一七年，路易．安德森－拜塞爾（Louis Alderson-Bythell）在皇家藝術學院攻讀時裝設計碩士學位時，參加了皇家藝術學院二〇一七年的生物設計挑戰賽（Biodesign Challenge）。[32] 安德森－拜塞爾一直對時裝的生產過程，以及如何改進該過程來造福社會，深感興趣。[33] 不過這一次比賽，催化他好奇心的觸媒不是時尚相關的物品，而是另一個毫無交集的新領域：農業，更確切地說，授粉。安德森－拜塞爾全心投入這個領域。他的初步研究發現一些令人不安的現象。蜜蜂是植物的主要授粉昆蟲，但是因為農業工業化、殺蟲劑、氣候變遷等因素，蜜蜂的數量持續大幅減少。[34] 他和同事集思廣益，想出一個令他們滿意的點子——改由蒼蠅（在全球授粉的占比是三〇％）代勞。在蜜蜂授粉不再可行的情況下，蒼蠅可代勞成為更有效的授粉昆蟲。[35] 他和工作團隊向學術界與工業界的專家小組推銷這個點子，說明這項新穎、令人興奮的農業技術，可有效管理蒼蠅的行為（例如向農地噴灑天然揮發物和精心調配的化學劑），以利蒼蠅幫助授粉。[36]安德森－拜爾和他的團隊抱回比賽的一等獎，以及皇家藝術學院提供的種子資金，後來他們把這項計畫變成一家新創公司歐隆布利亞（Olombria）。[37]

好奇心強的人會採用穩健可靠的方法來擴大人際圈，讓他們的知識傳播給更多人。他們創建可多邊交流訊息的平台，盡可能向更多有興趣的人傳播他們的好奇心計畫或好奇心之旅的相關知識。透過真誠的交流與互動建立信任，有利彼此維持長久的連結，進而促成更深一層的知識交流。

安德森－拜塞爾討論這種知識交流實際上是如何運作。他說：「我們跟很多人交談，而且我們有一個龐大的人際網絡，可以定期地互相交流。當你和其他人談話，他們往往提出你未曾考慮的想法。有人與我們分享論文，有人從郵局寄書給我們；我們也會把書寄給他人，分享論文給那些沒看過這些資料的研究員。分享的過程實在超乎想像，連遠在印度的食蚜蠅研究員，也提供我們感興趣的研究材料。」[38]

好奇心人士利用新發現的知識和出色的說服力，分享他們的好奇心計畫，也幫助他人認識並理解新知。作為博物館的高級策展人，海柔·佛席斯花了數年時間研究物件、信件、庫存清單和租冊，希望瞭解伊莉莎白一世女王和早期斯圖亞特王朝珠寶商的貿易，進而揭開那個時代倫敦社會的生活與時尚。[39]她把研究心血寫成一本書《齊普塞街寶藏：倫敦失落的珠寶》（*The Cheapside Hoard: London's Lost Jewels*），並附帶舉辦特展。[40]她的下一個好奇心計畫，側重於探索其他有趣的問題：一六六六年大火之後，倫敦怎麼樣了？倫敦大火對人民生活產生了什麼影響？以及倫敦人（特別是婦女）如何倖存下來？她花了很多時間研究行會組織的紀錄、信件、日記，以及法律與市政的文件和名冊，試圖瞭解家庭和公司的損失情況。[41]

在她引人入勝的《屠夫、麵包師、燭台匠》（*Butcher, Baker, Candlestick Maker*）一書中，佛席斯追溯了市民、機構和商人如何重建他們的生活，以及倫敦曾經的繁華；這些各行各業的人包括藥劑師、麵包師、室內裝飾工匠和鐘錶商。[42] 佛席斯深入挖掘這些迷人的領域，用證據建立引人入勝、連貫且新穎的見解，她也強調和任何感興趣的人分享研究成果的價值。「我設法找到與人交流、建立聯繫的方法。有時在講座後，觀眾會過來找你說：『我認識某某某。』或者遞給你一張名片，然後由你決定是否要發展彼此的連結。有時，有人突然來信詢問：『你有什麼消息嗎？』然後你會想知道，他們會不會剛好認識某個你可以交流的人。我非常感謝朋友和熟人推薦我交流的對象，將我跟原本不可能有交集的人串連起來。」[43]

好奇的人不僅會建立人際網絡，還會擴大這網絡。當你把訊息傳出去，你就會和人及組織建立關係，更多的訊息會被分享與交流。你花時間研究、確認、聯繫這些擁有不同知識的人。你把大家聚集在一起，請他們參與或主持你感興趣新領域的相關對話，並討論該領域的未來前景。可以邀請專家參加定期的工作坊或系列研討會，請他們說明所在領域的機遇和挑戰，並幫助網絡中的其他參與者。事實上，好奇心人士都知道自己不是萬事通，不可能知道所有事情，必須找到方法借用其他人的知識，請他們為自己的好奇心旅程做出貢獻，或是請他們加入、成為計畫的一分子。人際網絡的異質性能增加知識的廣度與深度，而雄心勃勃的好奇心計畫猶如磁鐵，可吸引不同背景和領域的人士參與。

時間久了，這些外延人際網絡可以創造奇蹟。舒馬赫解釋，她透過在維多利亞和艾伯特博物館舉行特展，希望參觀者認出其中的某件物品，進而分享該物件的歷史。[44]有好奇心的人知道，建立和維持關係是一種投資，通常不會在短期內獲得充分的回報，但長遠來說一定會有收穫。因此他們會跟對其領域有興趣的人保持聯繫，維持互惠的關係。而且更多時候，這些網絡會衍生更多新的分支。

拼湊資訊碎片

好奇心強的人之所以能迅速成為專家，是因為他們有能力精通其他人已經研究出來的菁華，並在既有的知識基礎上建立自己的好奇心計畫。他們擅長蒐集知識，創造價值。哈佛大學人類演化生物學教授約瑟夫・亨里奇（Joseph Henrich）在《我們成功的祕密》（*The Secret of Our Success*）一書中指出，人類作為一個物種之所以成功，是因為不需要從頭開始學習一切，亦即我們可以在文化已經累積的知識基礎上繼續發展。[45]

好奇的探險家前往目的地之前，會收集所有可取得的資訊，包括來自網路或當地人提供的熱搜和推薦。希臘裔加拿大籍冒險家庫魯尼斯熱切地告訴我：「如果我想嘗試一件新鮮的事，我會從網際網路下載每一張照片，包括它的每一個角度，只要有人上傳，哪怕有一點點相似都不放過，然後全部彙整起來。接著，在腦海構建一個３Ｄ模型，因此當我到達現場時，就不會覺得太意外。」[46]

有許多方法可將你收集到的所有訊息拼湊起來。接下來，就介紹其中三種方法。

積極閱讀

在日程表中預留時間，認真、有系統地核對收集到的資訊，並一一打勾，確定完成核對。資訊來源可以是紙本或數位形式、小說或非小說、雜誌、報紙、年度報告、部落格等。追蹤你一路上累積的見解。當你開始一個新的好奇心計畫，你不僅要成為貪婪的讀者，還要成為積極的讀者。英國記者萊昂內爾．巴伯說，如果你是積極的讀者，你會「尋找新鮮、令人驚訝的東西——那種讓你忍不住問『這是什麼？』的東西。你真的必須專注，把自己放在全神貫注的狀態」。[47]

尋找有趣的見解

檢查你的筆記，開始尋找模式。理解所有的文章、會議紀錄、學術研究、白皮書和產業報告。一如圖恩所言，你研究這些資料的目的是生出一些有趣的見解。他說：「你需要經歷收集資訊的階段，然後來到沉思的階段，問自己：『那麼我該如何消化這些資訊？哪些是重要的資訊？我從中學到了什麼？』」[48]綜合分析這個領域正在發生的事情，把它變成系統化的過程，並堅持下去！使用便利貼或白板組織資訊，找出共同的主題。你發現了什麼？有什麼有趣的見解或模式嗎？檢查你收集到的資訊，能幫助你產生新的想法，這些想法也需要進一步的研究。把它們記錄下來，並提出更多的問題，以便未來與專家或其他志同道合的人進行交流時，可派上用場。

帶著目標實現好奇心計畫的人，能在不同的主題之間輕易切換，所以能靈活整合不同領域的知識和資訊。當極地探險家桑德斯在為二〇一三至一四年的史考特長征（Scott Expedition，史考特長征正是當年羅伯特．史考特〔Robert Falcon Scott〕上校帶領手下抵達南極點後，在近一千六百英里的回程遇難的路線）預做準備，他不僅參考一百多年來南極探險前輩的經驗，還涉獵不同的領域，包括超耐力運動員、醫師（專門醫治因化療導致體重狂掉的病患）。[49]他跨越不同領域專家豎起的高牆，從一個領域中汲取教訓，然後應用在另一個領域，尋求它們之間的聯繫，這樣他就能更有效地應對不確定性，最後成功完

> 有好奇心的人知道，建立和維持關係是一種投資，通常不會在短期內獲得充分的回報，但長遠來說一定有收穫。

成壯舉，不僅翻轉史考特南極探險隊的不幸命運，也改寫了歷史。

發現別人忽略的東西

為了創造有價值又實用的知識，好奇心旺盛的人還專注於發現他人忽略的細節。別錯過細枝末節。如果你花點時間，仔細觀察別人可能錯過或沒有主動告知的細微末節，你可能獲得更高的回報。小說家洛勃森說，翻閱報紙和雜誌可以為下一本新書埋下種子。他說：「最佳的例子可能是〔我〕在二〇一五年獲得英國金匕首獎殊榮的著作《死活不論》（*Life or Death*）。它萌芽於一九八五年三月二十日。我在報紙上讀到一篇報導，全文只有兩段，主角是被判了兩個無期徒刑的男子。他因為犯了兩起謀殺案而入獄，已在獄中服刑超過三十年，在他即將獲釋的前一天，他越獄逃走了。我心想：『為什麼一個人隔天就要獲釋，卻在前一天越獄逃跑？』我保留了這個剪報二十年，心想：『這可以寫成一本小說，但我必須想出一個理由，他為什麼要這樣做。為什麼他會在出獄的前夕逃跑。』現在我隱約知道他為什麼越獄，但我不知道接下來的情節要如何發展。」[50]

洛勃森心生好奇，想知道這名越獄男子到底在想什麼。他也會翻閱報紙的訃文版，收集科學家、士兵或冒險家的故事——都是無名英雄。這些人雖非家喻戶曉，卻擁有讓人稱奇的精彩人生。[51]這些持續不間斷的微研究，提供他新作豐富的素材與靈感，也有助於正在進行的寫作計畫。

為了精進自己的知識水準，有好奇心的人明白，學習必須持續不斷。新生活可能需要新的技能，你必須對自己夠誠實，知道自己擅長和不擅長什麼。抽出幾週、幾個月或幾年的時間（甚至是一輩子），裝備最新的專業知識，成為精通新領域的專家，靠日積月累來建構複雜的完整知識體系。量子電腦公司 D-Wave 系統的創辦人花了五年時間研究科學文獻，直接和世界各地數所大學進行合作，然後才決定開發一種特殊的量子電腦，並成立公司進軍量子電腦市場。[52]因此，投資大量時間加上努力不懈，以便深入理解一個新領域，已是常態，絕對不會讓人覺得匪夷所思或前所未聞。

要點整理

- 要對某個新領域產生強烈的興趣，最好的方法是自學。你可以自己設計學習大綱、制定時間表、堅持完成每日的例行作業，並刻意讓自己獨處。

- 每天抽出時間閱讀或準備好奇心計畫，藉此培養專注力。
- 過濾噪音並質疑你閱讀的所有資料，藉此篩出重要資訊。完成三門核心課程：線上搜索攻略、沉浸在新領域、有紀律地與意外不期而遇。
- 建立你的社群。主動接觸與聯繫專家、尋找有好奇心的同伴，藉由建立四通八達的人際網，集思廣益。不要害怕問問題。
- 和專家對談時，若想要獲得充分又實用的訊息，讓對方留下深刻的印象，請遵循三部曲：充分準備、充分利用對談機會、結束後向對方表達感謝並做到互惠。
- 若要拼湊資訊碎片，你必須積極閱讀，尋找有趣的見解，發現別人忽略的東西。
- 有好奇心的人會迅速更新自己的知識，讓好奇心計畫持續進展。然而他們也明白，學習是一個持續的過程，需要相當長的時間和持續不懈的努力，才能深入理解某個新領域。
- 培養辨識有用資訊與噪音的能力，以免訊息過量與超載，影響理解。

第5章 請問誰願意跟我一起合作？

一個人單打獨鬥，能做的事太少；大家齊心齊力，能做的可多了。

——海倫．凱勒（Helen Keller）

二〇一六年，提姆．漢尼斯（Thieme Hennis）在荷蘭台夫特理工大學就讀，即將取得複雜系統設計（Complex Systems design）的博士學位，當時他對科學、生態和技術的跨學科對話很感興趣。[1]長期以來，他一直希望能為下一代創造更美好的世界；他懷抱這個願望，成為海牙年度科技文化會議 Border Sessions 的要角，負責設計議程。這個科技文化盛會舉辦各種活動和研討會，探討如何善用新技術，積極改造社會和環境。為期多天的活動，聚集了作家、研究員、藝術家、活動主義者、工程師和設計師等各行各業的專家；他們展示並交流尖端科技的最新發展（如無人機、機器人、生物駭客）。[2]歐洲太空總署（ESA）出席其中一個研討會並發表演講，講題引起漢尼斯的關注。[3]討論內容之一是植物在不同環境中的表現，而植物是維繫生命的核心要素。

梅莉莎計畫（MELiSSA，全名是「微生態生命支持系統替代方案」〔Micro-Ecological Life Support System Alternative〕）由歐洲太空總署於一九八九年成立，目的是創建一個太空中的生命支持系統，讓在月球與火星上執行太空任務的人員自給自足，無須依賴太空物流服務提供食物或氧氣。[4]瞭解植物並控制它們的生長，對梅莉莎計畫的成功至關重要。在研討會上，很明顯地，公民可發揮重要角色，協助梅莉莎的任務，例如可以描述、分析大量的植物物種和人工栽培繁殖變種的特徵與性質，並評估作物數據，瞭解它們在太空栽種的潛力。[5]集合眾人之力，讓他們加入梅莉莎計畫，一起完成在太空中建立自給自足生態系統這項激勵人心的挑戰，並教育他們讓地球保持宜居狀態所需的關鍵技術。梅莉莎這種讓人興奮的作法似乎可行，引起漢尼斯的注意。作為回應，他開發太空溫室平台「AstroPlant」。這是一個開源專案，協助用戶建立小規模的太空城人造生態系統。身為AstroPlant的「任務指揮官」，漢尼斯建立了一個教育平台，讓大家針對可控環境的栽種，交流相關的研究與創新。[6]從一開始，AstroPlant的角色被定位在用戶可彼此合作、分享資訊的開源社群平台，多年下來，已有許多專家和機構參與，包括台夫特理工大學與諮詢顧問公司埃森哲（Accenture）。[7]

漢尼斯將這個充滿挑戰性的大膽目標拆解成幾個更易執行的小目標，然後開始行動。

他很快意識到，他需要其他專家，包括一名程式設計師，來為這個專案建立平台。因緣際會，他在 meetups（一個把有相同興趣的人聚在一起的線上平台）巧遇一位程式設計師，兩人在為期兩天的駭客松（hackathon）活動上一拍即合。漢尼斯說：「他懂植物、電子和應用程式，所以他是這個計畫非常優秀的技術負責人。」這些年來，他陸續和其他專家合作，包括生物學家、人工智慧研究員、資訊工程專家、前端開發人員、藝術家、駭客、商業開發人員、產品開發人員、用戶體驗設計師等。

他透過 meetups 及駭客松，和志同道合的人建立連結，合力完成「太空溫室」平台，然後鼓勵學生、城市農民、園藝達人、喜歡養花蒔草的同好一起行動，種植梅莉莎團隊選中的植物。[8] AstroPlant 工具包裡裝有歐洲太空總署提供的種子，分送到世界各地，讓用戶在不同的環境條件下栽種這些植物。[9] 用戶記錄環境變數，將這些紀錄交給歐洲太空總署的合作夥伴；合作夥伴再據此對植物生長進行建模，並研究模型的預測結果。[10] 這些模型會預測植物在不同環境下的生長行為，但這些模型鮮少受到適當的驗證。[11] AstroPlant 可協助驗證這些模型的預測結果是否正確，用於快速設計原型（快速實驗），以及建構新的協議。科學家需要 AstroPlant 提供的各種環境參數，據此建立更可靠的數學模型，希望最終能精準控制植物的生長和表現。

根據漢尼斯的解釋，AstroPlant 的目標是盡快設計出能在封閉式空間讓生命生生不息的人工生態循環系統。這工作需要一群對農業未來充滿好奇的人士共同合作，否則不可能成功。AstroPlant 希望在理解植物對不同環境條件的反應後，也能將這些知識應用於提高地球的農業效率，並在價格夠實惠時，將技術用於精準控制作物的生長，為受到極端天候影響的地區提供糧食安全的保障。

像漢尼斯一樣，你的好奇心計畫可能也需要靠其他人力物力的資助，才能實現，包括你專精領域之外的專業知識、資金、技術和管理。一開始，完全靠一己之力當然可行，不過走到旅程的某一個點，你很可能需要能與你互補的合作對象，彼此截長補短。我深受傳記、偵探小說、電影和紀錄片裡不同凡響的主角所吸引：他們在車庫裡孤軍奮戰，成功推出飛行汽車；孤身一人在房間裡單打獨鬥，破解難以破解的犯罪案件。我也想緊抱孤膽英雄的浪漫想法，靠一己之力克服不可逾越的障礙，走向勝利。但我也知道，這些故事是鳳毛麟角。現實是，我們需要一個團隊才能實現各種想法。解決當代問題可能複雜而棘手，需要精湛先進的技術，也需要和有才之士通力合作。

如果你在尋找可和你一起冒險跳崖的人，這些人應該具備什麼特質？該如何確保團隊裡每個成員都像你一樣充滿好奇心和熱情？首先人選須具備好奇的特質（本書開頭列出的特質）：**有合作精神、毫不掩飾對研究主題的熱情、具韌性、能打破傳統思維、對自己領域以外的世界充滿好奇心、覺得有行動的急迫感、喜歡追求驚喜**。然後，營造一個刺激好奇心的文化，提供令人信服的訊息，以確保每個成員都像你一樣充滿好奇心及熱情。

想要單打獨鬥？再想想吧

若你想單打獨鬥，以下三個原因會讓你三思：身心疲憊、專業知識不足、容易妥協而放棄。

身心疲憊

愈是深入探索好奇的主題，你可能會發現有更多的工作要做，而這些不是你一個人所能負荷的。很多問題你無法回答，有些工作需要更高的技能，但你沒有人可以分擔工作，甚至沒有人幫你處理行政庶務。殘酷的現實是，實現好奇心計畫雖是非常個人化的過程，但也可能非常孤獨無助。我們的熱情讓我們深信，沒有人能像我們做得那麼好。但這種態度是導致身心疲憊的主因。單槍匹馬克服難關，意謂我們要自己承擔壓力。這種扛起全部責任的重擔會影響我們的身心健康，尤其當我們走出舒適區，進入不熟悉的領域，單打獨鬥更是會造成身心疲憊。

專業知識不足

實現好奇心計畫的旅程中，尤其以創新為主的旅程，單打獨鬥面臨的主要挑戰是，你必須依賴自己的經驗。如果沒有具備充分專業知識的夥伴或隊友支持，來填補你的知識空白，你根本不可能走得遠。

容易妥協而放棄

調查記者哈肯．霍伊達爾告訴我，他與夥伴艾納．斯坦威克合作後，工作進度與成效高於他自己一人單打獨鬥；如果沒有和別人合作，他可能會因為強烈的挫折感而忍不住放棄。他告訴我：「因為我們是兩個人，所以能互相打氣。」[12] 所有挑戰都一樣，有高潮和低谷，有勝利和磨難，有需要你做的決定。有時我們需要夥伴或團隊替我們的身心加油打氣。此外，與他人合作也給了我們堅持下去的理由：我們不想讓合作對象失望。隊友有助於緩解我們在任務進行期間偶爾出現的意興闌珊。簡言之，一路上有人閒聊與說笑，整個旅程會更輕鬆。

組建好奇心團隊

在你開始尋找合作對象之前，先瞭解你自己的優勢和劣勢。約納坦・拉茲－佛里德曼（Yonatan Raz-Fridman）是一位成功的連續創業家，他創立了 Kano Computing。這是一家位於倫敦的新創公司，提供硬體設備讓兒童自己組裝電腦，再用自己組裝的電腦編寫程式。他指出，你不需要對自己感興趣的領域瞭若指掌；你只需要知道在哪裡補足空白。他說：「如果你想成立一家跟人工智慧相關的新創公司，你不需要成為ＡＩ方面的專家。只須找到厲害的科學家，說服他們成為公司的一分子」，一起解決問題。[13]

清楚自己的知識缺口之後，開始尋找可填補缺口的合作對象時，不妨考慮自己認識的人。主動聯繫你的好友或是認識的專業人士，在人際網絡中詢問是否有人具備你需要的專業知識。稍早提到的遊戲開發公司博薩工作室的共同創辦人盧卡說，要找人何難之有，可以簡單到社群媒體發布訊息：「嗨，大家好，有人認識Ｘ類型的人嗎？如果有，請聯繫我。」[14]

組建好奇心團隊時，人選需要具備以下關鍵的 CURIOUS 特質。

有合作精神（C）

他們能和其他人充分合作嗎？當團隊的組員有共同的目標，就能成功合作。尋找的人選應該能夠與他人合作解決問題，勇於面對錯誤負起責任，不會爭功諉過，主動聽取其他組員的心聲。此外，人選應該具備靈活的適應與組織能力，思考時能重視長遠的影響。

毫不掩飾對研究主題的熱情（U）

他們是否跟你一樣對你研究的主題感興趣？要找的合作對象應該打從心底對你的計畫感到興趣。但不僅僅是有共同的興趣，他們還須具備以下特質，包括健康的自信心、毅力、熱情、積極的心態、專注力。

> 現實是，我們需要一個團隊才能實現各種想法。解決當代問題可能複雜而棘手，需要精湛先進的技術，也需要和有才之士通力合作。

韌性（R）

他們是否能迅速走出挫折？在創造與發明的路上，由於沒有前輩可以師法，一路上會遇到許多障礙；過程中，你經歷的失敗會超過成功的次數。因此尋找的人選須具備與生俱來的強大復原力，當事情沒有按計畫進行時，觀察他們會如何因應？以及他們的適應能力？尋找內在強大的人，才能克服一路上遇到的挫折與挑戰。

打破傳統思維（I）

他們有獨立思考的能力嗎？尋找樂於挑戰現狀的人。尋找特立獨行的人，他們勇於說出別人不見得想聽到的真相。你尋找的人選能提出一連串困難的問題，並挑戰團隊中其他成員的假設與觀點。

對自己領域以外的世界充滿好奇心（O）

他們是否有斜槓的副業或業餘的嗜好？最好的合作對象會對生活和周遭世界充滿好奇心。這種好奇心並非出於義務或工作，而是純粹地感到好奇。好的合作對象不會只侷限於自己的工作，而是擁有開闊的視野和廣泛的興趣。所以你尋找的團隊成員應該有廣泛的興趣或嗜好，還能將自己的興趣與他們為你做的事情相結合。

急迫感（U）

他們是否有完成工作的急迫感？人選要有執行力，已成功將抽象的想法轉化為具體可行的行動。能幹的人通常具有街頭智慧、專業技能、相關經驗。能夠完成任務的人知道如何妥協（這是成功合作的重要一環）。他們不參與辦公室的權力鬥爭或八卦。此外，能完成交辦事務的人，工作動力來自於希望看到事情有所進展，以及幫助他人一起進步。若碰到問題，他們反而覺得是創新的機會。

追求驚喜（S）

他們是否樂於擁抱未知與不確定？合作對象應該喜歡嘗試新的東西，對一連串的研究主題沒有固定或僵化的想法，也會受新穎的想法和不一樣的經驗所吸引。這些人明白時時都有新東西要學習。

讓團隊目標成為訊息的亮點

你還需要創造引人注目又具說服力的訊息，以及鼓勵好奇心的文化，才能確保團隊成員的熱情與興趣不會降溫。清楚傳達你的故事，這一點非常重要，將影響團隊能否有出色的表現，進而幫助你實現目標。英國極地探險家桑德斯說，他的團隊有明確的共同目標，每個成員都明白各自的角色與責任。[15]該團隊共有八人，一致的目標是協助桑德斯與夥伴塔卡・勒平尼爾（Tarka L'Herpiniere），從南極大陸的海岸徒步到南極點，再從南極點折返，這是歷來距離最長的極地長征之旅，全程約一千八百英里（兩千九百公里），兩人共花了一百零八天完成。桑德斯說：「我想每個成員都很興奮，因為我們將是率先完成這項創舉的第一組人馬。」[16]另一個助他們成功克服難關的重要因素是，桑德斯的團隊明白且相信他們的共同目標，所以願意為了實現這個目標而努力。有感染力的訊息才能達到有效推銷的目的。興奮與熱情之火能吸引他人參與；參與期間，他們會受到鼓舞，及早懷抱偉大的夢想。

為了讓其他人感受到你的熱情，你描繪的未來圖像必須引人入勝，目的與目標也必須明確，同時要讓其他人聽了之後，覺得和他們的生活或興趣有所關聯。打造說帖時，請記住以下幾點：

一、大家更容易記住的是故事，不是冷冰冰的數據。因此說帖不要加入過多的數字，以免潛在的合作對象被數字淹沒，反而看不到重點。你應該把數據和事實編入故事。如果對方從精彩的故事中聽到訊息，他們記住重要細節的機率就更大。

二、藉由始料未及的細節和出人意表的結果，建立戲劇張力，讓故事更加刺激精彩，進而提高受眾的熱情與支持度。

三、你講的故事務必要與受眾產生關係。你必須知道溝通的對象是誰，並根據他們的

> 培養好奇心文化，最重要的可能是在這些互相矛盾的行為之間，找到精準的平衡點。

興趣和擅長的技能撰寫合適的故事。

培養鼓勵好奇心的文化

一旦你找到合作對象，成立陣容堅強的 CURIOUS 團隊，接下來應該把注意力轉移到建立一個鼓勵培養好奇心的團隊文化。文化是將每個人在旅途中聯繫在一起的黏著劑。你的目標是建立以探索和提問為榮的環境。在這個環境，好奇心已然成為習慣，同時終身學習也成為團隊的生活方式。

奇怪的是，人們明明不遺餘力網羅具有好奇心的團隊成員，卻在他們加入之後，打壓他們的好奇心。心理學教授卡什丹發現一些令人費解的現象：高達八四%的受訪者表示，他們的雇主鼓勵好奇心，但又有六〇%的受訪者指出，雇主設置各種障礙，阻止他們表達好奇心。[17]卡什丹在《哈佛商業評論》撰文指出：「雇主堅持傳統的結構和制度，強調權威而非探索的精神，看重依循常規而非運用彈性來解決問題。」[18]我們過度追求效率，以至於不再好奇地提問，因為我們認為自己已無所不知，能解決所有的問題。

那麼該怎麼做？我們可以學著採用三個互相矛盾的關鍵作法：走出安逸的舒適圈，但出走不會讓你感到不舒服或勉強；保持謙虛，但別忘了勇敢大膽；鼓吹團隊凝聚力，但也不忘納入不同的觀點。若太偏頗一方可能會招致反效果。例如，過度強調凝聚力，會導致群體思維（從眾的壓力過大，以致無法客觀考慮其他意見，或是不敢貢獻新奇的想法，這是一種集體盲從的現象）。影響所及，群體思維會增加群體決策失誤的風險。[19] 若要培養好奇心文化，最重要的可能是在這些互相矛盾的行為之間，找到精準的平衡點。

鼓勵舒適的伸展

時裝設計師卡川特蘇出生於希臘雅典，一開始在美國羅德島設計學院主修建築（學士學位）。[20] 就學期間，她的學系提供到國外大學當交換生一學期的機會。她想去倫敦，而倫敦唯一能上的課是中央聖馬丁學院（CSM）織品設計系開的課。[21] 卡川特蘇禁不住誘惑，很想在另一個創意領域發揮天賦，最後毅然決然變換跑道，轉學到中央聖馬丁學院就讀。她告訴我：「我聽了很多關於路易絲．威爾森教授（Louise Wilson）的事，她在研究所開了一門時尚課。我也聽說許多厲害人士上過她這門課。」[22] 卡川特蘇在這門課中表現傑出，由她設計的作品獲選在畢業作品展上打頭陣。

她說：「我完成碩士課程後，不知天高地厚地向英國時尚委員會（BFC）申請 NewGen 資金。成功獲得贊助後，我製作了十五件洋裝，但我不相信賣得掉。」[23] 結果它們大受歡迎。卡川特蘇二〇〇八年在倫敦成立同名時裝品牌，並陸續獲得知名獎項的肯定。她的作品曾在紐約大都會藝術博物館、倫敦維多利亞和艾伯特博物館展出，受到碧昂絲、蜜雪兒．歐巴馬、娜歐米．坎貝爾等名人的青睞，並在全球一百多家零售店展售。[24]

為了保持團隊的好奇心和熱情，卡川特蘇不斷提問，挑戰自己和團隊成員，並扮演魔鬼代言人，故意挑剔團隊的意見與看法。她說：「質疑是一種非常民主的作法，我認為這樣能促進有意義的對話。」[25]

其他創業人士也贊同她的觀點，認為展延邊界會提高團隊的活力。倫敦的前衛「食」驗創意公司邦帕斯&帕爾的創辦人之一山姆．邦帕斯告訴我：「我的團隊會說，他們最引以為傲的事是在工作室被折磨到哭的那些苦差事，或是讓他們發出哀鳴『這太難了，我做不下去』的工作。但是過了六個月，他們會說這些艱鉅挑戰是讓他們印象最深刻的事。我們努力讓每個人成長，所以在他們覺得有壓力、但壓力不會過大的框架內，交付比較困難的任務，是箇中關鍵。這樣他們就不會覺得無聊或因為壓力大到難以招架而離開。幸運的是，我的團隊人數不多，我可以和每個人面談，瞭解他們正在做的事與工作進度。」[26]

壓力是挑戰團員的實力，還是讓團員恐懼、缺乏安全感？兩者存在一條細微的界線，不易拿捏。團隊組員必須感覺工作具有挑戰性，但又不會因為擔心無法掌控而覺得不安或受到威脅。對於充滿好奇心的團隊，不確定性必須透過適當的支持和鼓勵來平衡，讓團員逐漸建立對自己和工作的信心。因此，讓他們覺得安全或放心，這一點非常重要。

喬恩・威利涉足即興表演、喜劇小品、行星探索，遊走在這三個世界之間，讓他的生活有了動力。他在德州大學學習戲劇（輔修天文學），也對網頁設計感興趣。[27]他試著將戲劇使用的工具和觀點，和軟體工程的科學方法和實驗相結合。威利接到了幾個專案，磨練自己的網頁設計能力。憑藉獨特的技能和經驗，他在二〇〇六年說服谷歌雇用他。[28]結果，他成為谷歌自動完成功能（AutoComplete）的第一個設計師，並領導了幾個團隊（譬如，搜尋使用者體驗、在二〇一四年與同事共同成立的擴增實境／虛擬實境團隊）。威利說：「谷歌是支持好奇心的地方，即使追求答案的過程並非次次有收穫。你必須集中資源，激勵大家保持好奇心，不會因為走錯路而處罰他們。」建立一個安全的環境，讓大家知道失敗是正常的，並且在他們嘗試新技術時給予支持，這些都是建立團隊信心的關鍵。

> 實現任何艱辛的計畫或目標時，好奇心的發酵都不僅是單打獨鬥的行為，它的成果很大程度倚賴群體的互動和集體的啟發。

擁抱大膽而謙虛的態度

謙虛能幫助團隊瞭解自己不足之處。《阿拉丁》、《與森林共舞》和《哈利波特》這些電影有什麼共同點？答案是它們都得到視覺特效大師席蘭・薛克特

（Ceylan Shevket）的專業協助。薛克特參與了上述及其他許多電影的製作，幫助電影製片人實現他們的願景。替不同公司工作時，薛克特與她的團隊合力創造出眾多視覺效果，包括想像的生物、動態人群模擬和驚人的毀滅場景。

「我們周圍盡是一群背景各異的人。我們會雇用不同專業背景的人士。」薛克特告訴我：「即使某個部門專門負責某個領域，仍會雇用有模型製作、特效等其他背景的員工。我們互相學習，創造一個盡可能協作的環境，所以只要出現新的技術或新的方法，我們會試著互相指導與學習。」[29]

好奇心團隊面對自己不知道的事情很謙虛，會邀請專家授課，瞭解最新的技術和進展，並接受培訓。同時也輪流教學與學習：在某些會議，負責教學；到了其他會議，則是努力學習。大膽而謙虛，可讓充滿好奇心與協作精神的團隊學到更多知識。

在倡導並複製大膽又謙虛態度的環境中，好奇心會蓬勃發展。這正是關鍵所在：好奇心旺盛的文化相信，謙虛可以讓我們理解，在不斷變化的世界中，我們需要哪些知識，並鼓勵我們大膽行動，堅定捍衛我們的信仰。

培養有凝聚力的多元性

建立好奇心文化，就是承認多元觀點的重要性。建立一種不只擁抱多元性，還積極倡導並催生多元性的文化。與其尋找那些生活在同溫層的人（相同的背景、觀點、環境等），不如尋找能帶給你不同經驗、背景、意見和處事方法的夥伴。

多元性有助於解決好奇心旅程常面臨的另一項挑戰：團隊的好奇心可能隨著時間而下降。一開始，能刺激我們好奇心的事物，讓人感覺新鮮與興奮。一旦新鮮感開始減退，當初的熱情不知去了哪裡。團隊成員可能會意興闌珊，停止提問，創意也可能受到影響。

白紙遊戲（White Paper Games）是英國曼徹斯特的一家遊戲開發公司，曾獲得遊戲大獎的肯定，公司的共同創辦人兼遊戲設計師皮特・包坦利（Pete Bottomley）解釋多元性如何能滋養好奇心。他公司設計的遊戲，讓玩家扮演不同的角色，探索精心打造的多元世界，另外也可以選擇是否要花時間和精力解決謎題。開發電玩這一行不適合膽小的人。從概念到產品上市平均需要三到四年的時間。[30]包坦利熱中於建立多元化的團隊，唯有這樣才能開發出更刺激、更有層次感的遊戲。該公司的團隊成員來自不同的背景和經歷，這並非巧合或出於偶然，而是團隊刻意策畫的結果。選擇成員時，他們刻意選擇擁有不同技能、文化和社會背景的人。[31]

邦帕斯表示，他會贊助團隊成員到異地進行文化之旅，並鼓勵他們在 WhatsApp 群組中分享新穎的體驗。這些作法重燃大家學習和好奇的火花。[32]有趣的是，紐約州立大學石溪分校的心理學教授亞瑟・艾倫（Arthur Aron）和他的同事做了研究後也發現，相較於從事重複活動的伴侶，一同參與更多元活動的伴侶，比較不會對兩人的關係與相處感到無聊，對關係的品質評價也更高。[33]和挹注新觀點的夥伴共同完成挑戰性的任務，似乎有利於維持團員對工作的興趣，這正是長期計畫難以維持火花的地方。同樣的情況也適用於創業團隊。

詹保羅・達拉拉（Giampaolo Dallara）是賽車界的傳奇人物，他出生於義大利的帕爾馬（Parma）。他自小就喜歡賽車，當時他的父親參加汽車和重機比賽，都會帶著他同行。[34]他後來就讀米蘭理工大學，主修船舶工程學。[35]當時是一九六〇年代初，汽車製造商法拉利積極尋找才華橫溢的畢業生。恩佐・法拉利（Enzo Ferrari）聯繫了指導達拉拉的一位教授，詢問他是否有值得推薦加入公司的學生。[36]這位教授推薦了達拉拉，達拉拉毫不猶豫立刻加入了法拉利，實現他想要進軍賽車業的夢想。離開法拉利之後，達拉拉為瑪莎拉蒂和藍寶堅尼的車隊工作，設計出藍寶堅尼經典跑車米烏拉（Miura）備受肯定的底盤。之後，他進了另一家義大利汽車製造商德托馬索（De Tomaso）。他在為別人效勞的同時，愈來愈渴望創造自己的東西。一九七二年，他邁出一大步，在自家的車庫成立「達拉拉汽車製造公司」（Dallara Automobili da Competizione）。

多年來，達拉拉和他的公司成為世界各地賽車的代名詞。達拉拉和他的團隊煞費苦心地設計並製造賽車之外，也投入汽車研發。二〇一七年，達拉拉推出公司第一款可合法掛牌上路的雙座跑車斯特拉代爾（Stradale），並開設一所專門培訓年輕人的航空工程教育中心——達拉拉學院。

達拉拉告訴我：「我很幸運，附近有一個小型的賽道，負責舉辦國際學生方程式賽車大賽（Formula SAE），有來自二十五國的八十所大學參加，每個參賽隊伍都可能帶來顛覆性的創新想法，提醒我們還有太多事要做。」[37]他接著說：「偶爾我會跟一些大師交流，尋求回饋。但我相信年輕有為的人才能為我的經驗挹注新鮮感，他們的觀點可能對我有所幫助。」達拉拉和其他想法一致的人一樣，將成功歸功於多年經驗與新穎思維的結合。

儘管好奇心需要多元性和自主性，但多元化團隊面臨的一個問題是，團員之間可能沒有共同的語言。緩解這種差異的方法之一是，務必要讓組員對工作的使命達成共識，並理解共同的核心目標。之前提過、任職於谷歌的高級研究員拉雅・哈德塞告訴我，谷歌旗下的英國人工智慧子公司 DeepMind 科技奉行的核心文化，就是大家為共同的目標一起努力。

一九五三年五月二十九日，英國艾德蒙・希拉里（Edmund Hillary）爵士和尼泊爾雪巴人丹增・諾爾蓋（Tenzing Norgay）成功登上珠穆朗瑪峰。[38]把他推向世界之顛的幕後功臣，是約翰・亨特（John Hunt）上校率領的珠穆朗瑪峰探險隊。他知道要攻頂，需要組織一支一流的團隊。挑選合適的人員，讓他們覺得自己正在做一項有意義的事，成了亨特的首要之務。探險隊成員獲選的條件，除了登山技能，還包括他們是否充滿渴望、熱切地想要加入探險隊。團隊最後的組成分子刻意地多元化，除了一名學生、一名統計學專家，還有幾位校長、醫生、一位生理學家及一名士兵、一名養蜂人、一名記者和數名雪巴人。[39]亨特要求他的組員將好奇心發揮到極致，學習各自領域與登頂相關的一切知識。亨特更要求團隊組員不吝分享一切。他希望讓每個人都有參與感，好像他們與這項攻頂計畫有著密切的利害關係。在這個畫時代的旅程展開之前，這些被選中的人必須盡可能地待在一起。每個人都必須參加皇家地理學會的會議，並在威爾斯的斯諾登尼亞（Snowdonia）進行大規模的實地考察。[40]多虧這個多元的團隊，希拉里成功實現了珠穆朗瑪峰的攻頂計畫。

組建並培養一支夢幻團隊是實現重大目標的基礎。好奇心計畫始於願景，唯有靠強大的團隊共襄盛舉，才能完全實現。

成功招募合適的人選，創造鼓舞人心的訊息，建立正確的文化，都需要實際動手去做，不斷微調改進。你可能無法一次到位，可能不得不調整團隊組員。有些人會離開，或者不得不讓他們離開。這並不丟人；你可能會犯錯，但錯誤可以重新調整、糾正。改變方向不代表你軟弱或不如人，恰恰相反，勇於承認錯誤並修正，長期來看，反而會贏得團隊組員更多的信任和尊重。實現任何艱辛的計畫或目標時，好奇心的發酵都不僅是單打獨鬥的行為，它的成果很大程度倚賴群體的互動和集體的啟發。

要點整理

- 為你的好奇心計畫建立一個團隊，原因有三：單打獨鬥容易身心疲憊、專業知識不足、容易妥協而放棄。
- 組建一支夢幻團隊，就是要雇用具備 CURIOUS 特質的人：
  - 有合作精神（C）。
  - 毫不掩飾對研究主題的熱情（U）。
  - 具韌性（R）。
  - 能打破傳統思維（I）。
  - 對自己領域以外的世界充滿好奇心（O）。
  - 有行動的急迫感（U）。
  - 喜歡追求驚喜（S）。
- 為了確保每個組員都能像你一樣，對這項事業充滿好奇心與高度熱情，請遵循以下步驟：
  - 訊息務必要能打動人心。

≫培養充滿好奇心的文化，包括接受三個關鍵的矛盾：舒適的伸展、大膽而謙虛、有凝聚力的多元性。

第6章 做好準備

一個人無法樣樣精通。

——柏拉圖

英國極地探險家暨極限耐力運動員桑德斯和勒平尼爾，在二〇一三年十月二十六日從南極的羅斯島出發。他們的目標夠大膽：成為史上從南極洲大陸外海的羅斯島徒步到南極點再從南極點折返到羅斯島的第一批人。他們行進的路線，就是英國探險家恩斯特．沙克爾頓爵士（Sir Ernest Shackleton）在一九〇七至〇九年率領南極考察隊進行「尼姆羅德遠征計畫」的路線，該路線也是羅伯特．法爾康．史考特在一九一〇至一三年率隊進行「新地探險」所嘗試的路線。[1] 沙克爾頓的計畫雖然以失敗告終，但是他帶領團員安全返回家園，故被形容為「雖敗猶榮」（successful failure），而史考特和他的隊員雖然成功抵達南極點，卻在折返途中喪生。[2]

桑德斯的母親一直對他的職涯發展有意見，對他即將展開的南極長征活動，更是感到前所未見的壓力。[3]從羅斯島徒步到南極點再折返，在桑德斯之前，共九組人馬嘗試，沒有人成功，其中五人在過程中喪生。[4]在沙克爾頓和史考特挑戰失利之後，沒有人再嘗試涉險。整個路程約一千八百英里（約二千九百公里）。桑德斯和勒平尼爾的目標並非尋找南極點的位置，事實上南極點早已被發現。他們想嘗試能否順利完成這趟前人未竟的旅程。桑德斯告訴我：「我們試圖走得比任何人都遠，而且是在地球上環境最險惡的地方。從人類的角度看，我們肯定是在探索，而且我們肯定也會進入完全未知的領域。我們試圖在這些條件下，走得比之前任何一個人都遠，大約要多走一千公里，所以在這方面，我們肯定要踏入未知的領域。」[5]多年來，他一直把這趟旅程視為極限的耐力挑戰。

桑德斯在英格蘭西南部的德文郡和索馬塞特郡長大。他和弟弟經常在戶外活動，探索附近的森林，熱愛爬樹。[6]他們好動、愛冒險，好奇心強。桑德斯說：「我透過實際嘗試和親身體驗來學習，這就是冒險和探索的精髓。」他自小會閱讀《國家地理雜誌》上關於拓荒者和登山專家的故事，這些人的歷練吸引他的想像力，並強化他對探險的熱情。青少年時期，他開始參與自行車、跑步和耐力運動。他對產品的功能性元素很感興趣。他說：「設定一個目標，透過訓練、重複、堅持和專注力，不斷提高自己的表現，這個想法讓我非常心動。」耐力運動的精髓，包括充分的準備、持續的鍛鍊、明確的目標；後來他展開自己的探險事業，這些都派上了用場。

桑德斯從桑德赫斯特皇家軍事學院畢業後，立刻投身探險事業。他二十三歲時，曾經嘗試從俄羅斯抵達北極點。他與北極探險家兼海洋保育人士魯伯特・奈傑爾・彭德里爾・哈道（Rupert Nigel Pendrill Hadow，簡稱潘・哈道〔Pen Hadow〕）結伴，兩人在沒有運補的情況下，展開這次的長征。因為是無運補，所以沒有藉用外力如風力、獸力或發電機的協助，以加快速度或分擔負重。[7]走了五十九天後，由於天候惡劣，桑德斯和哈道不得不放棄。[8]他告訴我：「我們沒有抵達北極點，這次行動宣告失敗。」[9]儘管未成功抵達目的地，這次遠征卻開啟了他的探險生涯。桑德斯愈深入瞭解探險領域，愈是對具有重大意義或代表性的未竟旅程興致勃勃。其中天數最長、最艱鉅的旅程，當然是他在二〇一三年十月二十六日與勒平尼爾展開的南極長征。南極長征之旅經過前人反覆的嘗試與經驗，存在一條清晰明確的學習曲線。桑德斯告訴我：「我們之前已有十組遠征隊嘗試過，每次的遠征多多少少都是下一組人馬的跳板或原型。」

有目標的好奇心計畫能幫助我們認清，偉大願景並非一蹴可幾。要實現目標，必須下定決心長期奮戰，而且需要計畫、投注心力、保持耐心與專注力。桑德斯和他的團隊投入大量心力，準備這個艱巨的南極任務。南極洲的環境極端惡劣，是地球上最冷、最多風、最乾燥、海拔最高的大陸，而且是澳洲的兩倍大。桑德斯補充：「南極洲沒有救援服務。

因此從事一些冒險行動，如徒步穿越南極大陸，如果受傷或生病、需要救援，必須自行張羅安全網。你必須在南極大陸備妥救援飛機、通訊設備，還要有自動分享所在位置的能力。這需要考慮很多因素，所以我們花了很多時間思考應急計畫，想像可能發生的最壞狀況。我們反問自己：『我們可能會遇到什麼挑戰，該如何因應處理？』我們得確保發生緊急狀況時，有飛機、有人力、有經驗。這是一項非常費心費力的工程。」[10]

二〇一三年十二月二十六日，桑德斯和勒平尼爾抵達南極點，並且在二〇一四年二月七日完成壯舉，折返回到羅斯島。從南極大陸邊緣，徒步穿越南極洲抵達南極點，接著再折返，來回共一千八百英里，刷新了歷史紀錄，是人類迄今在南極洲寫下的最長徒步距離。這次為期一百零八天的旅程結束後，桑德斯花了大約十個月才恢復體力。[11]

有時候，必須停止高談闊論，開始行動。你可能不會下定決心來一趟極地探險，但你可能得做出諸多改變人生的重大決策，例如辭去工作自行創業，或組織一次費力費心的旅行。桑德斯說：「你不能一時興起就搭便車跑去南極，這需要計畫和準備工作，而且是非常枯燥的工作。好奇心是其中一環，但不是唯一要件。你還需要有付出心力的意願，心甘情願完成所需的一切工作。」[12]

在準備旅程時，有三個常見的問題可能會阻礙你，扯你後腿：無法預測所有可能的結果、規畫謬誤（規畫時過度樂觀的現象）、渴望立即的滿足。

無法預測所有結果

至少可以說，當我們不知道接下來會發生什麼事，其實不容易安心地邁步前進。嘗試新的行動或計畫，若非基於熟悉的直覺或經驗，可能會讓許多人感到不安。如果不知道接下來會發生什麼事，恐懼容易蔓延。挑戰會在我們最不期望出現的時候冒出來。我們如何為尚未做過或沒有先例可循的任務，做好生理與心理準備？如何準確預測可能出現的狀況並擬好解決方案，特別是在幾乎沒有（或根本沒有）前例可以借鑑參考的情況下？更讓人心慌的是，成功實現了不起好奇心計畫的人（例如完成沒有人成功過的探險、進入全新未知的市場、製造全新的設備或工具），通常會說，當原本可預測、井然有序、按部就班的生活，被一連串不可預測的事件取代或打亂時，他們也感到束手無策。

> 有目標的好奇心計畫能幫助我們認清，偉大願景並非一蹴可幾。要實現目標，必須下定決心長期奮戰，而且需要計畫、投注心力、保持耐心與專注力。

規畫謬誤

俗話說得好，老屋翻新所花的時間和成本，十之八九會超出預期，好奇心計畫也不例外。我們大多數人都低估了準備工作和旅程本身所需的時間和成本，這種低估現象也稱作規畫謬誤（planning fallacy）。加拿大威爾佛里德・勞雷爾大學（WLU）教授羅傑・布勒（Roger Buehler）、英屬哥倫比亞大學教授戴爾・格里芬（Dale Griffin），以及滑鐵盧大學教授麥可・羅斯（Michael Ross）的研究指出，規畫謬誤是一個普遍存在的問題。三人所做的一項研究，評估心理系學生對於完成學士論文所需時間的預估準確性。[13]有趣的是，七〇%的學生實際花費的時間高於他們預測的時間，平均比他們最保守的預估（四十八天）多七天，比他們看似務實的估計天數（三十三天）多了二十二天。

即使經驗豐富的人，也容易陷入規畫謬誤。二〇〇四年，之前提到的生態探險家拉斐爾・多米揚冒出一個匪夷所思的想法：駕駛一艘完全由太陽能驅動的船隻繞行世界一圈。首先，多米揚必須確認他的奇想可行。他請一所工科學校幫忙評估可行性，然後找了一家太陽能船舶公司開發原型，設計一艘能支持這次探險行動的船隻。他還必須找到資金，贊助造船和旅程費用。經過四年的尋找，多米揚說服一名德國商人資助這項計畫。然後，他又花了一年的時間進行所有必要的研究，才開始建造雙體船。總共花了十九個月，才完成有史以來最大的太陽能動力船。[14]

「星球太陽能號」雙體船長一百一十五英尺，使用又輕又耐用的碳鋼材料打造，並覆有三萬八千片太陽能蓄電板，將太陽能儲存到六個鋰電池組。[15]雙體船由法國船長派翠克・

馬歇索（Patrick Marchesseau）掌舵，雇用四名船員（包括多米揚在內），於二〇一〇年九月二十七日從摩納哥啟航，向西橫越大西洋。這次航程長達五百八十四天（約十九個月），以最高時速十節和平均時速五節的船速航行，完全使用太陽能電力。多米揚的好奇心計畫花了大約六年的時間規畫，並花了一年半實現，成本將近一千七百萬美元。[16] 當他開始規畫旅程，根本沒料到林林總總的花費這麼高。

渴望立即的滿足

不論是最新款手機、誘人的杯子蛋糕，還是一項資訊，我們都希望立刻擁有。我們生活在一個欲望必須立刻滿足的世界。有些人可能渴望享受腎上腺素狂飆的快感，所以將準備時間壓縮到最短。有些人可能覺得自己缺乏時間或必要的資源（如資金和材料），因此迫不及待就讓計畫上路。我們甚至可能說服自己，即便準備不足，仍可以倉促行動。然而，若是進行好奇心計畫，充分的準備絕對必要。為了做好心理準備、迎接意想不到的情況，我們必須學習延遲滿足的渴望。如果我們對某件事情感到好奇，應該避免立刻進入行動模式，切勿不加思考就倉促行動。我們需要理性、冷靜的思考，找到最佳的前進方式，並在貿然承擔風險之前仔細計算可能的得失。這樣才能權衡風險，決定究竟可以承受多少。正為了做好心理準備、迎接意想不到的情況，我們必須學習延遲滿足的渴望。

如極地探險家費利西蒂・阿斯頓所言：「這是一個需要準備數年的過程。滿足某些好奇心絕非輕而易舉、速成的事。滿足好奇心之前，你必須有心理準備，前置作業可能得花上兩、三年的時間。」[17]過於重視短期利益，罔顧長期的進步與發展，並非充分準備的作法。

模擬目標環境，探索可能的情況

謹記上述三個問題。我們可以利用模擬或類比目標環境的方式，探索可能遇到的情況與風險，亦即利用類比探索的方式，為好奇心計畫做好準備。例如，在類似野外或目的地的環境，捕捉一些和實際旅程相似的元素。我們不可能面面俱到，為所有的事情做好準備；我們會面臨許多限制，包括時間、金錢、設備、人力，這些因素在準備過程中通常會造成束縛和挑戰。而類比探索能幫助我們以更快、更省錢的方式進行。這是一種因人而異的風險評估形式，目的是確認自己會遇到哪些問題，並找出預防或應對的方式。類比探索可訓練我們發揮最大的潛力，同時減少不必要的挫折；這些挫折可能影響好奇心計畫的成功率。類比探索能否成功，取決於我們的決心和執行力。謹記定期評估是調整好奇心計畫的關鍵，因為我們的需求會隨著持續進行的類比探索而發生變化。

類比探索有三個目的。首先，我們可以在更接近真實環境的條件下，測試體力、心理強度（或兩者）是否符合實際挑戰的要求。此時任何放棄的跡象都可能預告，一旦實際展開好奇心之旅，恐怕會以失敗收場。其次，成功的類比探索可幫助我們逐步建立在該領域的聲譽，進而遇見其他志同道合的人士。第三，類比探索幫助我們變得身心強健、更有自信，更瞭解未來會面臨的狀況。進行排練的過程，可逼迫我們想出備用系統或替代辦法。

在理想情況下，類比探索是一個三階段的過程。首先是在紙上沙盤推演，預想好奇心之旅可能遇到的障礙並擬出解決方案。然後，透過實驗（在實驗室、車庫或任何可行的場所），進一步確認這些障礙並探索可行的解決方案。最後，可能的話，移到接近實際場景的自然環境，進行刻意的練習和可控的探索。

沙盤推演可能碰到的問題並擬出解決方案

預想可能遇到的問題，這是好奇心計畫在準備階段很重要的一環。首先準備類比探索，包括預想好奇心之旅可能的模樣、可能遇到的挑戰並擬出可能的解決方案。在紙上進行預分析（premortem，想像多個「如果發生……會怎樣」的情況），再把時間軸往回撥，回到現在。

進行預分析

在專案或計畫正式上路之前，先進行預分析，思考可能碰到的各種問題，以預先準備。決策專家蓋瑞・克萊恩（Gary Klein）發表在《哈佛商業評論》的一篇文章，介紹了預分析這個管理策略。[18]這種方法和事後檢討成敗（postmortem）正好相反。事後檢討成敗讓我們學到教訓，瞭解哪些部分做得不錯，哪些部分出了問題，從中獲取教訓並加以改進，避免重蹈覆轍，這自然會嘉惠未來的專案。但是當前正在進行的專案需要使用預分析，提前發現可能的問題和風險，然後尋找解決方案，以便及時調整、改進（而非事後檢討）。克萊恩解釋，進行預分析的團隊必須預想專案宣告失敗，並專注分析出錯的可能原因。[19]

阿斯頓用一句有力的話，總結她如何進行預分析：「你必須假設，你擁有的每一件裝備都可能在某個時候壞掉或出毛病。」[20]

有目標地實現好奇心計畫的人習慣使用預分析，假設「病人」（計畫）已經死亡（失敗）。他們反問自己：「我會怎麼做？我該如何解決問題？」然後彙整已經確認的所有問題，試圖找到解方。他們深入思考，改善計畫的缺陷或不足之處。有時候，可能需要很長的時間，才能得出解決問題的答案，但耐心和毅力是好奇心計畫成功的關鍵。你也可以反問自己很多「如果……會怎樣」的問題，直到你對答案感到滿意為止。

上一章提到的漢尼斯（AstroPlant 平台的協調人與管理員）指出，當他開始一項新的任務，首先他會預設幾個情境，或是想像他設計的系統將如何運作。[21]然後，他會把這些情境寫在試算表裡，逐步檢查每一個情境，確認是否存在問題。經過幾次反覆微調，他會建立一個工作模型，此舉的目的是預測未來，評估不同風險，密切瞭解計畫的每一個面向，並找出答案。雖然不可能剔除所有風險，但是可以繼續探索減輕問題的方法，思考降低風險的方式。如此一來，至少可以放心地往前邁進，因為手上握有可解決難題的工具。

從未來回到現在

如何善用這種預設未來、再回到現在的方式？首先，反問自己未來的最佳狀況是什麼，然後設定需要達成的里程碑。從一個明確的終點開始（也就是想要實現的目標），再從這個目標回推，思考所有有助於實現目標的因素，以及所有導致目標失敗的因素。前面提過的紐西蘭工程師彼得．貝克（火箭實驗室的創辦人兼執行長），向我解釋實際上要如何應用這種方法：「所有導致好奇心計畫不可行的因素，都必須減低衝擊；所有可能有助於實現計畫的因素（如資金或技術），需要一個一個爭取到位。」[22]從期望抵達的終點往回走，可以讓你為今日、這一週或這個月設定目標。這種將目標拆解，變成逐步實現的小目標（stepwise approach），能夠激勵你保持好奇心，知道自己該學習什麼、有哪些人已經先你一步做了嘗試。電影視覺特效藝術家薛克特建議大家反問自己：「我想知道什麼？

誰跟我一樣有類似的目標？問問他們如何成功抵達目的地？他們具備哪些知識？然後逐步回推。」[23]

透過實驗，進一步確認障礙並探索可行的解決方案

花時間在紙上沙盤推演後，開始建立實驗計畫。倫敦大學學院巴特萊特建築學院副教授克勞蒂亞．帕斯凱羅（Claudia Pasquero），也是因斯布魯克大學景觀建築學教授，以及倫敦 ecoLogicStudio 公司的共同創辦人，還是生物建築學（bio-architecture）的先驅。生物建築學研究如何讓活的微生物合成建築材料，讓建築材料成長或再生。帕斯凱羅的工作和研究涉及生物學、運算和設計。她和合夥人馬可．波雷托（Marco Poletto）的很多作品都是基於多年的實驗。她興奮地告訴我：「我做實驗，拍了很多照片，觀察生物元素的成長狀態。」[24]這些實驗通常在實驗室進行。她說：「我想知道所有的參數，想在一個有溫控、沒有動態、沒有氣壓變化的實驗室裡做實驗。我希望在實驗過程中，能從頭到尾全面掌控一切。」帕斯凱羅和波雷托會觀察微藻成為建築結構的一部分後，因為與人類有了互動，以及接觸真實的情況（如天氣變化），生長會有何變化。[25]

在你自己的實驗中，可以做頻繁的小型模擬，以暴露潛在的陷阱。進行實驗，以預測可能出問題的地方。這項工作很複雜，需要不屈不撓、每天運行多次的模擬，一週六天。

谷歌 DeepMind 的高級研究員哈塞爾告訴我：「在谷歌的好處是，我們擁有大量的數據資源。我可以輕易進行許多實驗；差不多都是編寫程式，然後找台電腦執行，而谷歌在這方面真的是有力的後盾。」[26]

按捺立刻深入探索的衝動，往後退一步、反問自己：「我應該問什麼問題，才是問對問題？應該解決哪些該解決的問題？」注意力集中在相關的問題上；否則，你的研究與探索可能無法達成目標。針對解決方案提出假說，並在實驗室、車庫或任何可行的場所測試。

嘗試對實驗計畫強加各種限制，以利集中探索方向。貝克告訴我，針對障礙和解決方案進行實驗時，務必像雷射光束般將注意力聚焦在極少數重中之重的要務。在火箭實驗室，大家會花充分的時間反問自己，什麼才重要；確認實驗室目前和未來的優先要務，將數據視為探索的工具，而非推動探索的驅力。他們會自行設定期限（人為期限）追蹤實驗的進度，並在必要時調整或延長期限，或是改變實驗方向。火箭實驗室成員渴望看到實驗的結果，驗證他們的假設是否成立。他們進行實驗，不僅是為了測試想法是否可行，也為了測試自己是否對這想法真感興趣。

好奇心計畫的實驗可能產生各種有趣的想法。例如，倫敦設計公司 ecoLogicStudio 開發了一種碳中和的生物簾幕（biocurtain），可掛在建築物的側面，簾幕內的微藻每天可從空污捕獲一公斤的二氧化碳（相當於二十棵大樹的捕獲量），經光合作用產生氧氣。[27]

在自然環境中刻意練習，以逼近實際狀況

感覺準備好了，接下來就是進入實踐階段，這時得走出實驗室，捕捉生活和工作的實際狀況。實踐區應該具有一定的挑戰性，但仍在我們覺得舒適的範圍之內。實踐初期，我們可能會感覺在懲罰自己。找個自然環境進行訓練，無論是在山區、車庫，還是藝術工作室，過程可能很辛苦。練習期間，心率會增加，刺激大腦的邊緣系統（大腦感知危險的區域，會提醒我們停下來）。

我們必須接受，刻意練習是有一定挑戰性的過程，但回報是讓我們更接近目標。隨著時間推移，一切會變得更得心應手。此外，大腦分泌的腦內啡，在這個過程中扮演重要的推手，激勵我們積極行動。開始一項新挑戰時，第一步（試水溫）可能是最困難的部分，因此務必保持耐心。

體力需要幾個月時間的鍛鍊，同理，心理狀態也需要時間費神準備。

像斯巴達戰士一樣接受訓練

為好奇心計畫預做準備時，過程讓我想起古時斯巴達戰士所受的殘酷訓練。透過定期練習，這些戰士強健體力之餘，也將自己推向極限。同理，好奇心計畫的準備過程也應如此。有時，我們必須強迫自己做

一些不想做的事。英國奧運金牌得主妮可・庫克（Nicole Cooke）分享了父親給她的關鍵建議：「只要真的走出去找事做或接受訓練，即可提高自己的實力，而非安於現狀。」[28]

以色列女高音陳瑞絲（Chen Reiss）的音色享譽國際，與她交談後，我真切瞭解到，訓練需要花費大量的時間、工作和努力。陳瑞絲的日程表非常緊湊，完全繞著工作和家庭打轉，她以軍事般一絲不苟的態度按表操課。她告訴我：「當我進入一個新角色，我會馬力全開，日夜不停地練習歌詞，分析音樂。」[29]有好奇心的人會挽起袖子實地去做。訓練沒有捷徑可言。陳瑞絲解釋：「唱歌就像當運動選手。也許你可以理解歌唱的原理，但如果不每天練習，你會失去功力。所以必須每天練習，否則你的狀態會走下坡，無法上台演出。」馬拉松選手若沒有完成足夠的訓練量、累積足夠的里程數，不可能站在大型比賽的起點。所有選手都是練習數月、甚至數年，安排必要的訓練，才能實現目標。陳瑞絲補充：「你必須對自己做的事有十拿九穩的把握，唯有練習、學習、準備能給你安全感。」

訓練心智應對意外狀況

體力需要幾個月的鍛鍊，同理，心理狀態也需要時間費神準備。我們即將展開的探索之旅可能出現許多意外的變數。有時候，可能找不到明確的答案，這時就需要訓練自己的心智，去應對未知及意外狀況，同時持續向目標邁進。正如桑德斯所言：「我認為你可以計畫到一定程度，但你必須明白，你將進入一個非常難預測的多變環境。有時候，你必須將不確定性納入計畫之中，準備好應對這些意外，同時保持靈活性。」[30]

許多心理上的準備其實是靠鍛鍊身體達成。規律做自己不想做的事，可以教我們自律，培養心理韌性。好消息是，將自己置於有一定挑戰性的情況，有助於提高心理強度，堅定地追求目標。

找到或創造一個和你的探險之旅非常類似的自然環境，這個仿真的類比環境很重要，但不見得可行或實用。當阿斯頓為一支準備前往北極的女子隊伍進行訓練時，她決定帶她們去阿曼的沙漠。她說：「到阿曼的沙漠訓練，成效非常顯著。因為每天的訓練活動都是在沙丘與變化多端的地形上進行，無法依賴地圖。我們不知道那天能走多遠，需要多長時間。不知道需要跋涉多少個沙丘。不知道在變化多端的地形中，要如何更精確地找到方向。因此每次遇到挑戰，都必須在當下做出決定，而且要非常及時。這情況非常類似北極海，一切都在移動。你不知道這一天會遇到什麼、自己能走多遠，也不知道會走多遠。」[31]

儘管在當下壓抑一時的衝動與渴望，可能讓人感到痛苦，但為了獲得更大的回報，做一點犧牲、不要立刻得到滿足是值得的。陳瑞絲告訴我，她的犧牲包括把晚上社交的時間省下來，去劇院聽自己需要學習的音樂。她說：「一旦你下定決心學習一齣新的歌劇或樂曲，歌劇院或管弦樂團會制定一套非常清楚的時間表，這對我非常有用。開始學一個新的歌劇角色是非常漫長的過程，有時需要一整年的時間，取決於樂曲的複雜程度。」[32] 週週、月月，甚至數年的規畫、培訓和犧牲，加上抵達目的地的渴望，都是實現好奇心之旅的關鍵，值得你付出上述的努力。

要點整理

- 鉅細靡遺的準備和不懈的訓練，可以幫助我們建立信心，好展開好奇心之旅。
- 三個問題可能阻礙你的準備工作：
  - **無法預測所有結果**：對於我們從未做過或其他人從未做過的事，我們無法在生理和心理上做好妥善的準備。
  - **規畫謬誤**：我們會低估準備所需的時間和成本。
  - **渴望立即的滿足**：人的本能是希望即時滿足需求與渴望。
- 我們可以藉由類比探索，優化準備工作。類比探索的目的是讓我們在進入未知領域之前，探索並理解好奇心之旅可能遇到的問題和挑戰。
- 在好奇心的推動下，類比探索可以在紙上或在真實的環境中進行。在紙上，可嘗試以下方法：

» 進行預分析。

» 想像多個「如果發生……會怎樣」的情況，直到你對答案滿意為止。

» 採用「從未來回到現在」的方法。首先設定一個明確的終點——你想要實現的目標，然後從終點開始，逆向分析所有導致該目標成為可能（或不可能）的因素。

- 在真實環境進行類比探索時，可嘗試以下方法：

» **在實驗室或車庫**：根據在這些可控環境所做的觀察，我們可以提出假說，然後透過實驗測試解決方案的可行性。

» **透過仿真的類比環境**：刻意在較小或受控的自然環境中練習，讓生理和心理有所準備。好奇心強的人有個特色：他們不會在沒有練習的情況下，直接跳進未知領域，而會詳細記錄並反覆排練。他們可能需要幾週、幾個月，甚至數年準備，才會覺得做好了準備。

- 在進入未知領域之前，仔細觀察周圍的一切。確認潛在問題，想辦法減輕它們的影響。對於無法處理的問題，坦然接受，無論如何都要踏上旅程。

第7章 一頭栽進未知領域

如果這是個好主意，就去做吧。道歉比徵求許可容易得多。

——美國海軍上將葛麗絲・霍普，《人生就是不斷地學習》

英國貴族查爾斯・戈登–倫諾克斯（Charles Gordon-Lennox）是第十一代里奇蒙公爵、第十一代倫諾未斯公爵、第六代戈登公爵、第十一代奧比尼公爵，集四個公爵爵位於一身。他對攝影產生興趣，始於十歲就讀伊頓公學期間，該校創立於一四四〇年，是頂尖的私立男子寄宿中學，位於英格蘭溫莎鎮。[1] 伊頓公學畢業的名人不勝枚舉，包括首相與王公貴族，如威廉親王和前首相鮑里斯・強森；作家，如喬治・歐威爾和伊恩・佛萊明；還有演員，如休・勞瑞和達米恩・路易斯。[2] 一九七〇年代初，戈登–倫諾克斯對攝影有著澎湃難以被滿足的熱情，遂在十六歲決定輟學，進入電影和攝影界。當時，電影製片名人史丹利・庫伯利克（Stanley Kubrick）正在尋找一名拍攝靜態照片的攝影師，為一九七五年的電影《亂世兒女》（*Barry Lyndon*）拍攝劇照。戈登－倫諾克斯成功獲得這份工作，接下來的一年半時間裡，他與庫伯利克和肯尼斯．亞當（Kenneth Adam）爵士（榮獲奧斯卡獎的美術指導）合作。[3]這段寶貴的經驗對戈登－倫諾克斯未來的職涯產生重大的影響，後來他在倫敦成為一名屢獲殊榮的廣告攝影師，客戶包括美國服裝公司 Levi's 和英國的化學公司帝國化學工業。[4]

一九九〇年代初，戈登－倫諾克斯三十九歲時，父親將西薩塞克斯郡占地一萬兩千英畝的古德伍德莊園的管理權移交給他。[5]他和家人隨即從倫敦搬到了莊園，沒多久便意識到農耕、林地管理以及定期的馬術比賽收入，不足以維持莊園運轉。他很好奇，不知哪些新點子能快速增加莊園的額外收入。他與父親一起工作，在涉足莊園的事業中，深入探索並瞭解家族的歷史。[6]他翻閱家族照片、莊園檔案，以及他在伊頓公學時、父母寄給他關於家族的書籍。

他的研究讓他回到過去，回到與古德伍德莊園相關的另一個重要傳統——賽車運動時期。[7]他的祖父佛雷德里克．查爾斯．戈登－倫諾克斯（第九代里奇蒙公爵），當初不顧家人反對，成為一名賽車手、汽車和航太工程師，還是一名賽車推廣人士。[8]由於佛雷德里克是賽車迷，因此他在古德伍德莊園為汽車迷舉辦過幾場非正式的比賽，但他的願景是在二戰結束後，將莊園周圍的道路改建成一條環形賽車道。他在一九四八年啟用了古德伍德賽車道，由史特林・莫斯（Stirling Moss）爵士拿下生平第一場勝利。[9]這個賽車道一直舉辦賽事，直到一九六〇年代中期，由於無法滿足不斷升級的賽車運動，戈登－倫諾克斯家族決定在一九六六年關閉賽道。[10]接下來的三十年，這個賽道一直處於半休眠狀態。

戈登－倫諾克斯告訴我：「我在一九九〇年代初回到莊園時，嘗試重新啟用賽車道，這是相當大的挑戰。地方政府對這個計畫興趣缺缺，顯而易見，重新啟用賽車道的計畫無法過關。我們很好奇，想知道還能怎麼辦，以及結果會如何。我有個想法是利用房子前面的馬路，因為當局無法阻止我這麼做。當地政府最後同意了這個想法。第一年的活動非常精彩。」[11]

一九九三年六月十九日至二十日，第一屆古德伍德速度嘉年華（Goodwood Festival of Speed）登場。戈登－倫諾克斯公爵回憶十九日早上起床時，從浴室窗戶往外一瞧，發現成千上萬的人湧入莊園。他原本預期會有大約三千人參加，結果多達兩萬五千人出席。他說：「我們沒有地方容納這麼多人，場面十分混亂，但感覺非常震撼。」自此，古德伍德速度嘉年華每年在長達一・一英里的山坡賽道上舉辦，該活動很快成為首屈一指的古董賽車嘉年華。

眼看這個古董賽車嘉年華獲得了滿堂采，戈登－倫諾克斯接下來的重心放在將賽車帶回環形賽道上。他說：「這個想法，我們醞釀了好幾年，很好奇如果我們獲得規畫許可，重新啟用賽道，會發生什麼事。我的祖父在一九六六年關閉賽道，之後只稍稍作為試車之用。由於沒有任何整建，我們保留了一九五〇年代賽道的原貌。我們擁有這個獨特的場地，於是產生以下的想法：『如果我們讓當時的古董賽車在上面行駛呢？』這樣會更容易取得監管機構的許可。如果每個人都穿著當時的服裝，氣氛就更特別了。我記得有一次開會，我說：『就讓每個人都穿著當時的服裝吧。』」[12]

環形賽車道經過精心整修、還原原貌後，古德伍德復古賽車節（Goodwood Revival）在一九九八年首次登場。自此，年年吸引懷舊人士到古德伍德朝聖；他們身穿復古服飾，欣賞有歷史意義的經典古董車。這是一個不需要時間機器就可以實現的神奇時光之旅。從你踏進莊園的大門，就能感覺身處在一個非常特別的地方。古德伍德速度嘉年華和古德伍德復古賽車節，旨在頌揚汽車和賽車運動的先驅，現已成為賽車季的重頭戲，也是全球最大的車迷聚會之一。此外，這個活動成功挽救了莊園，現在莊園已能自給自足，這也是當初這個點子的初衷。

接下來，戈登－倫諾克斯的好奇心將帶領他走到哪裡？他說：「我們的好奇心計畫很大一部分是吸引世界各地更多民眾的關注。我們要如何把古德伍德這個品牌推向全球，成為國際知名的品牌？」現在，他努力透過社群媒體和專門製作高品質內容的團隊進行宣傳；毫無疑問，他的堅持、熱情和持續不斷的探索，可助他達到目標。

我們需要設定界限，將好奇心聚焦在最重要的事情上。若是做不到，我們可能會分身乏術，被旅程的風險和不確定性淹沒，以致手足無措，甚至身心俱疲。

好奇心是燃料，為你的探索和準備工作提供動力。現在，排練或測試階段已經結束，可以正式執行計畫了！就跟戈登－倫諾克斯公爵一樣，我們可以一頭栽進未知的領域。將最初看似有些（或完全）荒謬的計畫變成現實，成為可行且成功率很高的一件事。讓我們檢視幾個可能阻礙我們勇敢嘗試的挑戰。有目標的好奇心人士，即便面臨各種挑戰和疑慮，仍然勇於迎戰，就是這種迎難而上的拚勁讓他們興奮不已。

為什麼前進如此困難？

在某個時刻，你準備就緒，累積足夠的資源和知識，可以開始實現你的計畫或旅程。爬上山頂或解決謎題需要行動力，但是障礙物會阻止我們前進。有三個常見的障礙可能阻礙我們的行動：缺乏信心、將研究和準備階段延長到不必要的程度、旅程讓人失望。

第一個障礙是缺乏信心，這出自我們對計畫有疑慮、認為計畫規模過大，或是沒有清楚的路線與路徑。儘管我們已做好了研究和準備，但這項任務的複雜程度仍可能讓人不知所措。生態探險家拉斐爾．多米揚率先完成太陽能船環航地球一周的壯舉，現在正努力打造第一架以太陽能為動力的飛行器，將飛入平流層。他說，他的好奇心之旅充滿了不確定性，規模龐大又難以預測，但他必須堅持下去。多米揚說：「計畫總是存在風險。駕駛太陽能船環行地球一周是漫長的〔旅程〕，因此比短途旅程更難以預測。」[13] 有時候，計畫可能中途喊卡，因為我們設定的目標過大、太模糊，不可能長期堅持不懈。一些人提到，人很容易走錯兔子洞而迷失方向或陷入困境、難以自拔，最後偏離了目標。

上述現象導出第二個卡關的因素：花太多時間在研究和準備階段。有時候，我們會困在這些前期作業，害怕完成。我們對新奇、引人關注的對象產生好奇心，開始研究，找到相關的精彩資料。然而，一旦接近完成階段，可能停滯不前。未完成的博士論文是一個不錯的類比，足以說明人們執行大型計畫為何往往容易半途而廢。在某些學系，有高達七五％的博士生未能完成博士論文，原因包括擔心失敗或完美主義使然。[14]

第三個障礙是，有時候，旅程不如預期那麼刺激有趣。我訪談了許多人，他們告訴我，好奇心之旅除了必須親力親為，還得長時間付出心力，完成一些枯燥的任務和沉悶的工作。庫魯尼斯解釋說，大家在電視或照片中看到的畫面都是充滿戲劇張力的時刻，展示旅程的高潮、刺激、驚險和壯觀的場面。但是，這些畫面不能代表整個旅程，因為在旅程中，大部分是平凡，甚至乏味但關鍵的時刻。他解釋：「這是我站在滾滾熔岩前的照片，這是我頂著颶風撐住自己的照片。但九九％的時間，我們只是試圖從Ａ點前進到Ｂ點，安排後勤，和譯者交流。」[15]這些都不會被納入電視畫面。

你不能看書學會騎自行車：讓旅程順利開始的五個方法

現在是你面臨重要決定的攤牌時刻。現在是進入兔子洞、尋找你的「仙境」的時候了。記住，這個旅程的重點是前進，而非尋求完美。以下五個步驟，可幫助你展開旅途並保持在前進的狀態。

第一步：設定界限

我們需要設定界限，將好奇心聚焦在最重要的事情上。若是做不到，我們可能會分身乏術，被旅程的風險和不確定性淹沒，以致手足無措，甚至身心俱疲。Graphcore的共同創辦人兼執行長圖恩告訴我：「追根究柢，一個人必須累積專業知識，以便限縮問題的範圍，不要試圖解決太過龐大的問題。」[16]界限會畫出戰場的範圍。若是範圍過大，就必須投資大量時間、財富與資訊等資源，影響所及，會扼殺有目標的好奇心。

幾個有效策略可以幫助我們設定界限，推動我們的好奇心之旅。首先，**要有優先次**

序。專注於真正重要的事情。以色列記者、政治評論家和調查記者拉維夫・杜拉克（Raviv Drucker）協助揭發了幾件轟動社會的政治醜聞，還驚動警方介入調查涉案的政治人物。他告訴我，他自己是如何安排優先次序，來推進調查報導。他說：「我會列出需要完成的行動，包括需要訪談的對象，有些人是合作對象，有些人幫我確認報導無誤；我需要進行研究，包括任何發表過的相關研究；查核與主題或報導對象相關的司法訴訟；查驗消息來源的可信度等等。」[17] 清單非常有用。對於一些人，列出清單是日常例行工作。如果你選擇這個方法，盡可能具體說明當天需要完成的工作。

其次，**設定明確的截止日期並嚴格遵守**。CMR Surgical 的共同創辦人佛洛斯特指出，短天期能讓他和團隊快速打造產品的原型。他說：「我們給自己的期限非常短。」[18] 通常不長不短、正好夠用的天數，可以讓你展現最佳效率。倫敦皇家藝術學院畢業的設計師佐薇・布羅奇表示，時尚產業中季節分明且須嚴格遵守的截止日期，幫助她更快速地理解市場需求，並及時完成需要完成的事項。如果要滿足市場需求，非得這麼做不可。[19]

步驟二：一次一小步，逐步建立節奏

設定界限，有助於把旅程拆解為可管理的流程，這是保持前進動力的重要方法。一次只做一個小而具體的步驟，建立固定的工作節奏，確保能持續地行動。在體育訓練界，這種技巧稱作微進步（marginal gains），亦即在可管理的情況下，每天累積、微調、改進。隨著時間推移，這些微收穫會累積成實質性的競爭優勢。[20]利用微成就來激勵自己，並且慶祝自己完成這些微進展。桑德斯說：「在南極，我們每次步行九十分鐘，然後停下來吃喝喝。一天之中，有這些非常明確的小目標與里程碑，在遇到非常艱困的時候，對心理狀態有非常積極的作用。我們可以替自己打氣：『不管發生什麼事，再過一個半小時，我們都可休息一下。』」[21]

幸運的是，我們不必成為太空人或世界級運動員，就能體現何謂逐步提升。只須想想你的願景（長期要實現的目標），就可保持續航的動力，但是要專注於建立每日的節奏。動畫設計師黛西．雅各布解釋紀律和專注力的重要性：「當我繪製《大人物》時，我會在某個時間進入工作室。直到某個時間為止，我都非常積極地發揮創意，不會懈怠或喝茶休息。我非常認真工作，並且百分之百地專注。然後停下工作，回家。放鬆一下，睡覺休息，醒了再回來繼續工作。七個月來，我都謹守這個規律，直到下一個計畫登場，又過著十個月規律的生活。每天的生活模式如下：開始、工作、停止、回家、放鬆、睡覺、起床繼續工作，然後重複這個模式。這非常有規律，但在這個模式中，我可以保持高度的專注並發揮創造力。」[22]

提前制定類似的日程表並按表操課，你會覺得更有掌控力。到達目的地可能需要一些時間，不過不必擔心時間的問題，只須關注今天、明天和後天要做的事，這樣就會看到自己的進步。

步驟三：減少中間環節及其他障礙物的干擾，直接體驗

順利取得進展的最佳方式是讓自己（或團隊）直接體驗。有意識地減少中間環節的干擾。芝加哥DRW公司是全球最成功的交易公司之一，創辦人兼執行長唐納·威爾森告訴我，他非常喜歡建立交易模型，而且很好奇這些模型能否發揮作用；要知道答案，唯有透過實際操作、獲得即時反饋，才能得到驗證。[23]當威爾森投身金融業時，他選擇在交易大廳工作，因為交易員可以在這裡獲得即時反饋。他說：「我當然可以選擇到銀行的交易部門工作。但我想：『如果我到交易大廳，就沒有中間環節的干擾，我人就在現場，可以看到市場價格的波動，你可以建立模型，進行實驗，立刻找出什麼模型有效、什麼模型無效。你不需要任何人批准你可以用什麼模型，你只需要行動。』白天我會站在交易廳，晚上回家後，我就在電腦前寫程式，建立模型，思考市場的行為。」[24]如果他派了一個代理人去交易大廳，就無法掌握第一手資訊，在深夜進行

利用微成就來激勵自己，並且慶祝自己完成這些微進展。

分析，也失去學習的機會。

第一手經驗最好。近距離親自體驗。盡可能貼近真實情況。我自小就喜歡音樂。我清楚記得何時買了第一張黑膠唱片。隨著科技進步，我開始聽卡帶和 CD。現在我使用各種串流服務，我喜歡它的便利性，讓我輕鬆聽到各種歌曲。同時，我也覺得與它疏遠。由於我與數位串流音樂的互動和接觸有限，我的大腦無法記住我喜歡的所有音樂。反之，當我面對實體的黑膠、卡帶與 CD 時，不會有這個問題。我仍然收藏了一些黑膠唱片，每當我摸著唱片封套、防塵套袋和黑膠唱片，都會渾然忘我。手摸著黑膠唱片的觸感、閱讀歌詞的小冊子，讓身體實際參與。我覺得這種方式非常迷人，刺激我對音樂的愛好，也讓我記得更多幕後音樂家和歌曲的資訊。

我們需要跳出自己狹隘的視角，仰望天空；我們需要在現場，與陌生人交談，逼自己走出舒適區。布洛奇強調身體實際體驗的價值。她說：「當我創立時尚品牌布狄卡時，那時沒有網際網路。你必須去圖書館，必須與朋友交談，因為他們可以幫你打開思想之門，介紹不同的人和物品給你。要為這條時尚產品線打好基礎，並不是單單把一個詞輸入搜索引擎，立刻獲得一千幅圖片就能完成。」[25]

稍早提到的記者和總編輯巴伯，每年至少訪問兩到三個國家，深入瞭解當地文化。[26]他很好奇，想看看其他國家人民的生活方式。像阿斯頓這樣的極地探險家，也希望能親自到其他環境體驗。她說：「如果我好奇法蘭士約瑟夫地群島（Franz Josef Land，俄羅斯在北冰洋的群島）是什麼模樣，在網際網路輸入關鍵字，就可看到精彩的圖片。現在愈來愈多沉浸式平台，可擁有身臨其境的虛擬體驗，但我仍想親自去看看。」[27]

步驟四：創造你自己的工具

你的旅程很新穎、很獨特，可能需要一些市面上找不到的工具。不要受制於市場上找得到的工具或資源，要能專心修補並開發對達成目標至關重要的工具。你可能需要自己製作降落傘。正如前面所言，調查記者哈肯．霍伊達爾和資訊科技專家史坦威克合作；後者開發了一種分析方法，可過濾大量數據，揪出全球最大兒童色情網站的幕後黑手、訪客的用戶名稱、IP地址和電子郵件。[28]兩人再根據這些資訊，利用線上開放原始碼的調查技術，揭露這些人的真實身分。[29]最終目標是獲得他們的電話號碼，這樣霍伊達爾和史坦威克才能聯繫上他們。霍伊達爾回憶道：「這需要龐大的技術人員一起努力。從線上數據，到將數據轉化為實際行動，需要幾個月的時間。」[30]

在知名的量子電腦製造商D-Wave，科學家和工程師經常創造自己所需的工具，好突破限制，推進這個領域的發展。他們參與了數百個專案，在公司內擁有自己的機器製造廠，可打造原型零件和工具。前執行長布朗內爾表示，科學家團隊「實際上建造了先進的超導電子晶片。在軟體方面，他們必須開發許多工具和演算法，同時根據設計，建立模型與執行模擬的工具」。[31]

步驟五：採取糾正行動

第一次不可能做到完美，但不用擔心。你可能會走錯方向，不過仍會在過程中成長，重點是繼續前進，下一次就可提出更好的問題。面對錯誤時，適時糾正，並堅持下去。可以採取兩種簡單但至關重要的策略：一，積極向其他人請益，請他們提供指導與建議。二，收集和分析資訊，從中找出模式。

好奇心之旅必須走出舒適區，跟那些對事物有不同看法的人積極交流。戈登–倫諾克斯告訴我，他喜歡看到參加古德伍德活動的人士對各種新奇體驗的反應。他說：「我對參加人數不是太感興趣，我比較好奇他們對特定的體驗和行為有何反應。」[32]他們的回饋至關重要。當你遇到不同的看法或質疑時，將其視為讓你更進一步的機會。布朗內爾說：「相較於其他同業，我們的優勢之一是，我們有真正的客戶給予指導與反饋。他們會說，我們公司需要這個功能或那個功能，這些資訊讓我們可以確認，哪些工作須優先處理。我們會和客戶谷歌進行深入的對話。我們的客戶是較早使用量子運算技術的公司，非常熟悉量子運算，因此他們的回饋極具價值。」[33]

當你遇到不同的看法或質疑時，將其視為讓你更進一步的機會。

喬恩・威利負責重新設計谷歌的搜尋服務，並另外主持谷歌的擴增實境和虛擬實境的計畫。他告訴我，一流的演員和表演者會專心傾聽，不僅僅是用耳朵聽，「他們會留心周遭發生的事情，捕捉觀眾細微的暗示並做出回應。這是表演真情流露的關鍵，這樣才能引起觀眾共鳴。我認為，當我們設計產品時，技術人員也必須這麼做，也就是成為細心的傾聽者，留意使用者正在做些什麼，如何使用我們的產品和技術，藉此瞭解該技術有哪些不足，以及作業環境可能出現的挑戰等等。留意這些事情，能幫助我們找出最適合的方向和道路。」[34]

建立專業知識，必須透過模式辨識（pattern recognition），找出不同情境下運作的模式與規律，這個過程可以精進你的發現能力。庫魯尼斯告訴我，當他面臨命懸一繩的危險情境（例如懸吊在高溫的火山口附近），儘管非常恐懼，「但我會用模式辨識來看待危險。當來勢洶洶的風暴逼近時，我會觀察天空，得知龍捲風是否很快會形成。這些都歸結於模式辨識，觀察周圍正在發生的事，具備情境的感知能力。」[35]

薩爾・阿莫洛利亞（Zar Amrolia）在倫敦帝國理工學院主修物理，後來在牛津大學取得數學博士學位。他說：「我一開始服務於金融界，摩根大通銀行（J.P. Morgan）因為我的數學背景而聘用我。一九八〇年代末，期權交易開始崛起，當時就像是學習一門完全不同的語言。」[36] 後來，他成為德意志銀行（Deutsche Bank AG）固定收益、貨幣和大宗商品的聯席主管。二〇一五年，他對演算法交易的領域愈來愈好奇，便離開德意志銀行，和莫斯科國立大學畢業的數學博士、科幻迷亞歷山大．格爾科（Alexander Gerko）共同創立高頻交易公司 XTX Markets。XTX Markets 沒有任何人類交易員，電腦系統完全靠機器學習技術（machine learning），在全球的交易所進行電子交易。該公司的演算法可以在沒有人工干預、重新編碼程式的情況下，自動學習並改進交易策略。

阿莫洛利亞會消化當天所有的資訊，這不僅是他感興趣的部分，也幫助他識別模式。他解釋：「一般情況下，我回到家，腦中慢慢沉澱這些資訊。我放鬆身心，上床睡覺，第二天醒來就能把所有的資訊整合串聯在一起，得出新的結論。然後，我就可以發一封電子郵件告訴大家：『OK，這就是我們應該做的事。』」[37]

為了提高辨識模式的能力，你可以退回到私人空間，擺脫所有的壓力與瑣事，斷開外界的干擾，放下思緒的負擔。當你把問題擱在一邊，往往會出現靈光乍現的時刻，解決方案也會自然而然地湧現。這不僅僅是在探索過程中放鬆與解壓。巴伯告訴我：「你不能不斷地接受刺激，你需要找時間沉澱。搭飛機時，我不會一直閱讀，我會思考一些問題。我喜歡騎自行車，所以騎車時我會思考問題。」[38] 這就是所謂的深入思考。他指出：「每次旅途結束，我總會寫下一些東西，這個過程需要沉澱與反思。我把心得寫在日記裡或簡單記一些筆記。」當你回到負責的專案和團隊時，會擁有更多的能量和更清晰的思考力。

一頭栽進未知的領域，就像談戀愛。這個過程難以言喻；我們得忍受痛苦去追求某些目標，因為我們期待發現新事物帶來的喜悅和成就感。一旦你有了新的目標，並完成規畫，就放手去做吧。走出你的舒適圈，進入新的領域探索一番，享受進展帶來的喜悅。

要點整理

- 理解阻礙你前進的三個原因：（一）不確定和缺乏自信；（二）過長的準備時間；（三）擔心過程乏味且令人不悅。
- 讓好奇心旅程順利開始的五個方法：

一、設定界限。

二、一次一小步，逐步建立節奏。

三、減少中間環節及其他障礙物的干擾，透過自己（或團隊）的感官，直接體驗周遭世界。透過所有感官，親自接觸、直接體驗，才能深刻理解。虛擬副本（如線上照片與書籍）永遠無法取代真實而直接的體驗。

四、必要時創建自己的工具。

五、遵循兩個簡單、但至關重要的策略來糾正錯誤：積極向他人尋求指導和建議；根據出現的訊息找出模式。

第8章 培養面對逆境的韌性

每一次逆境，都是孕育同等成就或更大成就的種子。

——拿破崙・希爾（Napoleon Hill），《人人都能成功》

本書第四章提到的佛席斯，是倫敦博物館中世紀／中世紀後館藏品的資深策展人。她曾被要求寫一本專書，探討一六六六年的「倫敦大火」，配合一年後要舉辦的特展。[1]佛席斯在二〇一五年秋天接到這個任務，距離出書的截止日期還有十個月時間，期間她得研究這個主題，找到有趣的角度，還得兼顧資深策展人的全職工作。她發現在此之前，關於倫敦大火的文獻，多半集中於倫敦的重建工程。佛席斯更感興趣的是那些倖存者和他們的處境。大火發生於一六六六年九月二日，延燒了四天。[2]火勢摧毀了倫敦，但也迫使倫敦進入浴火重生的階段。大火對倫敦人口有何影響？倫敦人，特別是女性，靠什麼生活？這些問題成了佛席斯思考與研究的主軸。[3]她專注於一六六〇年到一六七五年的時期。她選擇一六六〇年為起點，以便瞭解大火之前倫敦人的生活；第二個時間點一六七五年，則與倫敦重建、進入最後階段的時間差不多，當時大多數人的生活與生意都已恢復正軌。[4]

截止日期迫使佛席斯立刻在清單上列出要深入分析的參考資料。她沒有浪費時間，立刻查閱倫敦市政機構和治理機構（倫敦市法團）保留的所有文獻。她翻閱一箱箱的檔案，透過信件、日記和法庭文件追蹤那段歷史。她在倫敦都會檔案館和國家檔案館進行地毯式的搜尋。這項工程非常浩大，但在搜尋過程中，她逐漸理解且明白她找到的資料。

許多時候，佛席斯會遇到看似有希望的參考文獻，但追查下去後，發現幫助不大。這令人失望。她說：「有時候你可以跟著線索循線看到〈有價值的東西〉，有時你會走進死巷，必須回頭。沒有做過研究的人，通常認為一定可以找到證據。但是當然不是所有努力都有收穫，這可能會讓人沮喪，你會質疑自己是否走錯了方向，一切努力都是徒勞，因為你希望找到的資料並不存在，所以必須改變，採用不同的路線與角度。」

儘管感到十分疲憊，佛席斯仍努力保持積極的心態。即使研究遇到障礙，她認為這也是一種進展或發現，她稱之為「負面證據」（negative evidence），因為缺乏資料本身也是有價值的資訊。她說：「沒有做過初級研究（primary research）的人，也許無法理解收集與分析資料有多辛苦。有時，你必須強迫自己不停地閱讀，但一天下來卻一無所獲。可是你必須繼續努力，希望突然間能翻到一頁有用的資料。有時候，缺乏證據（負面證據）幾

> 每當我們在好奇心之旅的過程中達到重要的里程碑，愈來愈接近目標時，就會用成就的喜悅滋養我們的大腦。

乎和證據本身一樣重要。」

佛席斯的韌性支撐她持續努力。「我認為你至少要有基本結構可以遵循，並根據你發現的新資訊加以調整與修改。」她解釋道。她繼續閱讀資料，直到找到一本棚屋登記簿。這份文件是由倫敦市法團（倫敦市中心的治理機構）在大火後編制的，期間大約是一六六六至一六七三年這七年。冊子大約列出一百三十人、他們的職業、棚屋租金和棚屋的位置。[5]當佛席斯發現這個登記冊時，她激動不已，心跳加速，眼睛大睜。倫敦大火之後，這個非常簡陋的棚屋其實是一個經過深思熟慮的計畫，為倫敦市法團開闢財源之外，更重要的是為租戶提供相對安全的住所。[6]佛席斯的著作《屠夫、麵包師、燭台匠》，描述了市民、機構和商人（包括藥劑師、麵包師、室內裝飾師傅、鐘錶匠）如何在大火後重建生活，同時恢復倫敦的榮景。[7]

不把你打垮的，只會讓你更好奇

佛席斯的好奇心之旅就像坐雲霄飛車，充滿了刺激與波折。當我們達成預定目標，會感覺興奮和刺激；當我們的努力沒有得到回報，則會感到挫敗和失落。我們透過設定目標（想像自己能完成什麼）來培養毅力和韌性。每當我們在好奇心之旅的過程中達到重要的里程碑，愈來愈接近目標時，就會用成就的喜悅滋養大腦。佛席斯肯定是如此。克服挫折、跨越看似無法逾越的障礙，這些能力會增強我們因應挑戰的信心，也會刺激大腦釋放神經傳遞物質多巴胺。這種化學物質負責推動我們繼續前行，做更多的事情。就像佛席斯，我們應該充滿毅力和活力地面對挫折，克服想要退縮和放棄的誘惑。

追求長期成功的道路從來不是一條平坦直路。面臨挫折時，我們可能不禁想要放棄。遇到障礙時，往往會感覺被卡住，甚至感到恐慌。一旦覺得失去對情況的掌控權，可能會心神不寧，感到無力，阻礙探索的好奇心。遇到逆境，懷有失敗主義的悲觀想法在所難免，例如「我不想再繼續這個計畫」、「我厭倦這份工作」或「我做不到」。

為什麼有些人儘管遇到挫折，仍會熱情地追求未知的新領域，而其他人遇到困難就想放棄？韌性並非我們人類天生擁有的特質，它與我們天生的傾向和外在經驗息息相關。即使是孩子，也可以藉由學習，培養讓我們更有韌性、更願意在困境中堅持下去的技能。這需要練習和耐心。[8]有目標的好奇心能幫助我們迅速回到正軌，從錯誤中學習。

不把你打垮的，只會讓你更好奇：我們愈肯讓自己置身於陌生的領域或具有挑戰性的場合，就愈能發展出應對困境的能力和策略。我們內心的聲音告訴我們：「選擇保持好奇心，不要放棄。」如果我們採用這種策略，有趣的事情便會開始出現：我們被激發更多的好奇心，更想找出導致計畫失靈的原因。

從仔細準備、練習技能，乃至展開旅程，這一路上面臨的不確定性勢必有增無減。正如古老的諺語所言：「人算不如天算。」但若發生問題，我們很少有能力或策略保持輕鬆和幽默的態度。總是會出現意料之外的情況。在好奇心之旅中，我們勢將遇到意外、沒有明確答案的疑惑、無法控制的變量，在在讓我們感到無力，因此我們必須習慣一路上跌倒許多次，也必須從失敗中學習，學會重新振作，繼續前進。

在好奇心之旅中，我們可以做很多事，協助自己和團隊度過最黑暗低潮的日子。以下五個可行的方法，能幫助我們鍛鍊韌性的肌肉，成功克服逆境，高喊勝利：

- 快速重新回到原定的目標。
- 改變你的敘事方式。
- 建立強大的支持網絡。
- 有效運用積極正面的情緒。
- 像偵探一樣破解每一次挫敗。

快速重新回到原定的目標

關於這點，高中生關山一秀（Kazuhide Sekiyama）遇見了他未來的導師、日本慶應義塾大學先端生命科學研究所的創辦人富田勝（Masaru Tomita）教授。當時，富田教授到關山就讀的高中講授他的研究計畫，並向有意報考慶應義塾大學的學生介紹該校的課程。[9]演講中，富田教授認為，資訊工程和生物技術的發展能為永續發展及氣候變遷等複雜問題，提供解決方案。[10]關山的好奇心立刻被點燃。高中畢業後，他進入慶應義塾大學。大學的最後一年，他開始涉足不同的領域，研究對象包括人造蛋白質材料。關山想專注投入一個尚無人實現的好奇心計畫，對社會將產生重大的影響。找到符合這些標準的計畫，於是成為他的目標。他告訴我：「我不能只為了創新而創新，必須有一個強大的潛在動機，不僅關乎你想發明什麼樣的技術，還關乎你為什麼要開發新的技術。有了這樣的動機，你會開始學習必要的知識，一步步實現它。」

三年後，他在日本成立了一家名為Spiber的生物材料公司。Spiber解碼並重組蜘蛛絲的DNA，製造出一種人造蛛絲，它不像其他人造合成纖維（如聚酯和尼龍），以石油為原料。[11]Spiber利用專有的發酵技術開發而成的新型材料——發酵蛋白（Brewed Protein），特色是生物基（由天然原料製成）、可生物降解、無動物成分。[12]這個發酵蛋白製成的纖維，可取代喀什米爾羊絨、羊毛、毛皮、皮革、絲綢，以及其他動物獸皮或石化材料，降低自然資源的用量。[13] Spiber 正努力建立所需的基礎設施，大量生產這種新型人造纖維，以應用於各種產品，努力實現永續的社會。[14]

> 如果我們希望好奇心之旅能有所進展，我們必須在每個負面挑戰中看到積極面——幾乎在任何情況下都能看到光明的一面。

遇到挫折時，如何持續創新？關山說：「你必須擁有堅強的核心，協助你堅定走過許多逆境。」[15] 對關山及 Spiber 的共同創辦人而言，瞭解自己努力的目標對人類有重大的影響，是激勵他們不斷前進的動力。他們的目標支撐他們繼續前進，並且經常提醒自己目標的存在。目標不僅引領他們的好奇心，也幫助他們在最需要它時保持堅定與積極的心態。當我們愈快想起自己原定的目標，就能愈快重新振作，繼續解決問題。

改變你的敘事方式

記得你上一次遭遇的逆境嗎？現在深呼吸，試著回想你當時的反應。你是否揪出讓你陷入今天這個局面的每一個錯誤？你是否每次遇到挫敗就自責不已？你是否聽到一個聲音勸你放棄？如果你的回答都是肯定的，那麼你很可能將挫敗視為災難。

如果我們希望好奇心之旅能有所進展，我們必須在每個負面挑戰中看到積極面——幾乎在任何情況下都能看到光明的一面。我們必須把挫折視為探索與學習的機會，而不是導致衝動反應的災難性事件。以色列調查記者拉維夫．杜拉克告訴我，他好奇與探索的對象通常都是不被媒體關注的重要事件。[16]他專注於調查民眾避談的新聞（例如高官的政治醜聞、性騷擾案件和企業詐欺）。杜拉克著迷的報導會讓「聽眾、觀眾或讀者驚嘆：『哇，我的天，竟有這種事！』」杜拉克坦言，這類新聞的複雜性與嚴重性讓他「碰壁太多次了」。證據不足或大家不願意談論，讓他的調查一事無成或走入死巷。然而，杜拉克沒有被每堵牆（挫折）阻礙，而是把這些阻礙視為進一步探索的機會。他就像一名辦案的警探，繼續翻閱證據，與更多的消息來源交談，查核事實，對許多事情抱持懷疑或質疑的態度，希望最後順利破案。

他說：「如果遇到了阻礙，我知道裡頭有蹊蹺，是個能讓我著迷的主題。這幫助我將報導視為挑戰自我的機會，而我需要證明自己能完成這個任務。也許它會走錯方向，也許這個事實無助於揭露真相，其他事實會證明確有其事。」面臨不確定性時，必須反問自己：「我如何將這個挫折轉化為進一步探索的機會？」這種思維框架，將支持我們前進。

我們之前介紹過的以色列歌劇女高音陳瑞絲，五歲開始學鋼琴，七歲學芭蕾，十四歲學聲樂，[17]十六歲決定專攻聲樂。[18]她在維也納國家歌劇院、倫敦皇家歌劇院和慕尼黑巴伐利亞國家歌劇院，都曾擔綱演出主要角色，獲得極高的評價，也走出一條與眾不同的職業道路。陳瑞絲告訴我，她的職涯一開始遭遇許多挫折，讓她備感失望。她不斷參加試鏡，但從未獲得歌劇的任何一個角色。她很多歌劇界朋友都放棄走這條路了，但她仍堅持不輟。她說：「這是一個相信自己、相信自己實力的旅程，即使沒有人相信你的能力。」若你相信自己，並持續練習，繼續出現在大家面前，成功總有一天會出現。對陳瑞絲而言，這意謂繼續參加試鏡，相信自己總有一天會得到演出機會。

因為相信自己，我們會發展出一種內在對話，持續灌輸自己成功的形象、想法和信念。當我們改變敘事方式（例如「我將從這個過程中學到東西；這次挫折讓我受益不少」），這時不管碰到什麼情況，我們都能看到積極光明的一面。在探索旅程中，若是遇到任何挑戰、危機、逆境時，不妨改變敘事方式，給自己一些心靈雞湯，而不是一味想著最糟糕的情況。這是幫我們挺過去的強大工具。

當我們改變敘事方式，會降低負面情緒，釋放想法，進而找到解決問題的辦法。靠著內在的動力驅策我們前進，需要在內心尋得讓自己感到安定和慰藉的角落。遇到挫折時，這可寫下自己的感受，探索有無其他機會，嘗試不同的選項，或採取其他方法應對問題，這些都能讓我們更接近成功。我們必須把挫折視為好奇心之旅的墊腳石。不可能每天都是陽因為相信自己，我們會發展出一種內在對話，持續灌輸自己成功的形象、想法和信念。

光燦爛，一定也有風雨交加的日子，有對比，我們才更珍惜美好光明的日子。

建立強大的支持網絡

沒有人能獨自成功。若身邊有一群人，在我們面臨挫折與逆境時，能理解我們的處境並及時為我們加油打氣，我們較能展現韌性。建立和培養一個支持自己的社群網絡，遇到壓力時，有助於提高我們的情感力量（emotional strength）。想放棄時，如果其他人決定繼續前進，可以幫助我們克服放棄的想法。霍伊達爾說：「所以，有一位說『不，不，不，我們要堅持下去』的同事，這點非常重要。」[19]他告訴我，報社編輯的支持非常重要，因為他們讓他和合作夥伴有足夠的時間和資源，調查虐童網站的黑幕。他的編輯相信這個計畫的重要性，給他充分的資源與時間進行。

如果你在現實生活中找不到朋友、家人或同事支持你，你可以成立一個網絡，尋找經歷過挫折的人，互相支持打氣。首先，你可以在網上尋找。有目標地進行搜尋，專找成功克服逆境的人。比如在你感興趣的領域，有哪些人曾受邀在大會或講座上演講，主動與他們聯繫。一些網站和社群平台，如Facebook、Meetup、Nextdoor、LinkedIn（領英）和

Instagram，提供一些當地的活動訊息，你可以循線找出自己感興趣的活動。此外，組織開辦的課程也是尋找志同道合夥伴的管道，你可和已在旅程中取得成功的人士交流。再者，還可在網路搜尋當地大學或學院的推廣教育課程，結識教授和同學，他們或許能提供有用的建議，甚至成為你的合作夥伴。

二〇一六年發表於《神經元》期刊上的一篇行為學研究指出，和表現出色的人互動，對自我能力的評估也會提高。[20]如果和已在類似旅程中成功克服障礙的人士交往，不僅會發展積極進步的心態，也會養成達成目標的行為和活動。將已實現好奇心目標的成功人士視為榜樣，師法他們的行為和習慣，能幫助我們克服障礙。

有效運用積極正面的情緒

阿德里安．紐維（Adrian Newey）公認是賽車史上最偉大的工程師之一。他目前是紅牛一級方程式車隊的技術長。[21]紐維的設計贏得無數的冠軍和一百五十多項大獎賽（Grand Prix）。他是唯一待過三個一級方程式車隊、共拿下十個冠軍車隊頭銜的工程師。[22]他就讀英國南安普敦大學航空航天工程系，以第一級榮譽學位的優異成績畢業後，效勞於菲蒂帕爾迪一級方程式車隊（Fittipaldi F1）。[23]

在菲蒂帕爾迪工作一陣子後，他加入馬奇一級方程式車隊（March F1），開始設計賽車，並在一九八四年轉戰美國的印地賽車（IndyCar）圈。[24]紐維在美國首嚐成功滋味。他設計的賽車極具競爭力，沒多久開始在比賽嶄露頭角，拿下CART系列賽和美國最負盛名的印地五〇〇大賽連續三年的冠軍（一九八五年、八六年和八七年）。[25]儘管拿下這麼多戰績，他仍決定返回歐洲，因為一級方程式還是他的最愛。[26]陸續短暫效勞不同的一級方程式車隊後，如FORCE和馬奇，他加入了威廉斯車隊（Williams），與派崔克・海德（Patrick Head，威廉斯車隊的聯合創辦人和技術總監）合作，在一九九二年至九七年間奪下五個冠軍車隊頭銜。[27]當他離開威廉斯車隊，加入麥拉倫車隊（McLaren，另一支著名的一級方程式車隊）後沒多久，就證明自己的實力，帶領麥拉倫車隊拿下一九九八年的F1冠軍車隊頭銜。結束在威廉斯和麥拉倫車隊的豐功偉業，紐維加入紅牛車隊，期間面臨新的挑戰。[28]對這支沒有顯赫背景的年輕車隊而言，抱回冠軍是艱巨的任務。紐維的革命性設計，一舉讓紅牛一級方程式車隊在二〇一〇年至一三年贏得四個冠軍車隊頭銜。[29]紅牛車隊在二〇一四年八月二十四日再拿下一役，紐維的一級方程式大獎賽戰績也累積到一百五十個。[30]

紐維告訴我，在高度競爭的賽車世界，只有冠軍才算數，就連第二名也無法讓人接受，不愉快的意外則是家常便飯。[31]儘管新設計在實驗室做了深入的研究與測試，看起來很不錯，但是當車子上了賽道，表現卻不如預期。在這種情況下，堅韌不拔的精神不是可有可無的附屬品，而是成功必備的技能。這下必須回到起點重新開始，對此紐維的建議是，不要把問題當作個人問題（去個人化），而是專注於「讓每個人繼續把它視為工程問題，〔思考〕為什麼它會失靈，並找出原因。現在我們只是還不理解問題出在哪裡，所以必須嘗試提出所有可能的理論」。

佛羅里達州立大學運動心理學教授葛森．特南鮑姆（Gershon Tenebaum），是運動員面對身體疼痛、疲勞等負面經驗的專家。他告訴我：「壓力上升時，像焦慮這樣的負面情緒會影響我們的注意力，導致注意力變窄，無法注意其他問題。」[32]我們必須在危機時保持冷靜。在好奇心旅程中遇到的所有問題，都跟我們個人的因素無關，只是我們必須冷靜處理的事情。這種方式讓我們減少情緒化的反應，更冷靜客觀地回應問題。特南鮑姆解釋道：「太關注負面情緒，會導致我們忽略四周釋出的重要提示，反而限制我們的決策。」學習放鬆、暫時放下當前的挫折、從事愉快的活動或回憶美好的過去，都可以培養積極的情緒。這些積極情緒可以幫助我們保持冷靜、專注和投入，以便繼續深入剖析受挫或失敗的原因。

像偵探一樣破解每一次挫敗

好奇心之旅難免遇到挫折，我們應該將挫折視為填字遊戲，讓大腦參與而非情緒。我們應該逼自己深入剖析問題，理解計畫失敗的原因。以下四個步驟，可以幫助我們像偵探一樣破解每一次挫敗：

一、制定計畫，引導自己前進的方向。
二、將挫折拆解為更小的部分。
三、花時間消化證據。
四、走進死巷時，改道而行。

一、制定計畫，引導自己前進的方向

確定挫折（問題）的範圍。詳細寫下你將如何控制挫折造成的影響，並重新回到正軌。你可以怎麼做，讓自己重新開始？北卡羅來納州立大學心理系教授雪芳・紐伯特（Shevaun Neupert）及其團隊所做的研究發現，持續制定計畫非常重要。[33] 制定計畫可以培養積極的心態，防止因壓力升高而感到無能為力。[34] 制定計畫還可以防止拖延。[35] 我們需要確認哪

裡出了問題，並集中注意力制定因應挫折的計畫。

一個可以幫助我們克服挫折、甚至解決問題的策略是寫日記。大多數時候，我們習慣用分析的觀點解決問題，但有時靠直覺和感覺也可以找到更好的答案。不受形式限制的日記鼓勵我們關注自己的感受，幫助我們啟動創造力，冒出意想不到的解決方案。許多學術研究已經證明寫日記的好處。例如，愛荷華大學心理系教授菲利普・烏爾里希（Philip Ullrich）和蘇珊・魯根多夫（Susan Lutgendorf）發現，寫日記可幫助我們整理和理解問題，彷彿將挫折置於整個人生的森林中，可更全面地看待並分析這些猶如小樹的每個挫折。[36]內布拉斯加基爾尼大學心理系教授克莉斯塔・費里森（Krista Fritson）也發現，寫日記的學生有更高的自我效能（self-efficacy），能健康地管理與掌控自己的生活。[37]此外，賓州州立大學行為健康和醫學教授喬舒亞・史密斯（Joshua Smyth）及其團隊發現，寫日記可以減輕嚴重焦慮年長者的心理不安，改善他們的心理狀態、人際關係和身體健康。[38]

受挫日記

我們都希望忘記所面臨的挫折，但我們應該從這些受挫經驗中學習成長。養成寫日記的習慣，記錄你在探索的過程中遇到哪些障礙，你如何克服它們，以及從中學到了什麼。

二、將挫折拆解為更小的部分

要從受挫中重新振作（而不是被挫折擊敗），我們必須先暫停，將挫折拆解為更小的部分，一一分析問題所在。特南鮑姆曾與眾多職業運動員合作，並以他們為研究對象。他強調，深入分析挫折、收集證據、從中找出哪裡出了問題，這一點非常重要。若運動員表現失常，必須深入分析哪裡出了問題。他說：「詢問運動員失常的原因，可能是與家人失和，可能是和配偶關係不好，可能是我們不清楚的其他原因。」[39]

三、花時間消化證據

如果你的好奇心計畫已進行了兩、三週，但一直沒有達到預期的里程碑，你自然會想放棄或是改走另一條路。但你必須壓抑這種衝動，務必繼續目前的路線，因為唯有進行得夠久，才能確定哪個環節出了問題。

遇到挫折的實驗，通常比從頭到尾一帆風順的實驗更具價值。障礙並不會讓我們陷入動彈不得、無能為力的感覺，反而能刺激我們，提高我們的好奇心——如果我們一直追問**為什麼**。火箭實驗室創辦人貝克指出：「計畫失敗時，會強迫你更深入地理解為什麼。

『嗯，等等，本來心想那麼做會成功，結果不然，現在我得好好理解為什麼沒有成功。』」[40]谷歌 DeepMind 的高級研究員哈塞爾建議，展開好奇心之旅後，若想改道，務必在另闢蹊徑前，回答目前路徑上遇到的所有問題。至於實驗，重要的不是成功或失敗，而是結果和從挫折中學習。

不是所有的挫折都該一視同仁

為了確定哪些問題值得關注，哪些問題可以忽略，請進行**挫折實際情況查核**，瞭解當前面臨的障礙對你的影響到底有多大。不是所有挫折造成的影響程度都一樣。想像十年後，當你和親友談論你成功克服的幾個重大挫折時，你會提及目前面臨的這個嗎？如果不是，那麼目前這個問題就沒有想像中那麼嚴重。如果是，你需要進一步瞭解它。

四、走進死巷時，改道而行

有一種現象叫過度實驗（excessive experimentation）：陷入反覆測試和驗證的循環，可能是因為沒有得到我們希望的結果，或是我們不希望自己的假設是錯誤的。耶魯大學教授、避險基金經理暨投資分析專家羅傑・伊伯森（Roger Ibbotson）表示，在好奇心之旅中，我們可能會對一些事情抱持預設的想法，但這些想法不一定正確。我們不能讓偏見阻礙我們找到正確答案。他說：「你必須承認自己所犯的錯誤，預期自己會犯錯，並做出調整。」[41]

伊伯森大學主修數學，畢業後在芝加哥大學取得博士學位。他告訴我：「該校發表了許多重大發現。攻讀博士學位時，我處在一個令人興奮的研究環境，後來我成為教授，但也開始創業。我一直想嘗試將學術理論應用於實務。」伊伯森把學術生涯（以及後來的職業生涯）貢獻於分析大規模的數據集（data sets），從中找出股市的表現模式。他的論文主題是人氣影響股票的價值：不受歡迎的冷門股票相對被低估，而熱門股票至少已完全反映估值。[42]為了測試他的論文成立與否，伊伯森進行了許多測試，其中一些測試遇到死路（無法繼續前進的障礙）。但他沒有放棄，而是轉向新的方向繼續研究。他說：「我認為重點在於每次失敗都不放棄，同時認識到何時必須調整方向，以取得合適的中間點。」

一如伊伯森，我們不該被困在任何一條路上而放棄前進。我們必須明白並接受，有些努力確實會遇到無法跨越的障礙。在我執教的職涯中，就經歷過數次這樣的挫折。當我遇到障礙，我的焦點一直放在如何繼續前進。我曾經研究希臘家族企業的接班管理，我先參考已發表的相關學術文獻，擬了幾個問題、想訪問家族企業的成員，並訂購前往雅典的機票，準備到當地收集數據。我希望能採訪家族企業的不同世代（第三代、父母這一輩，甚至祖字輩），瞭解他們的經營觀。我聯繫了幾間家族企業，其中一些家族同意受訪。

在與第一間家族企業進行初步訪談時，在我解釋我的研究計畫是關於家族企業如何處理繼承問題，這個家族的父母輩（第二代）經營人態度變得猶豫不決，也多了防備，不願分享他們的計畫。我以為他們的態度可能是特例，但下一個訪談中，另一組父母輩的態度也是如此。

是什麼原因阻礙這些家族談論繼承問題？我有一位朋友在家族企業工作，我向他解釋訪談時發生的事情，他的回答讓我恍然大悟。顯然，希臘家族企業的父母輩不喜歡「繼承」一詞，因為會讓他們聯想到自己的死亡。他們認為繼承是一個禁忌話題，因此不想談論。我接受了他的建議，在接下來的訪談中，我用「長期規畫」取代「繼承」一詞。這個轉變取得良好的成效。家族企業的父母一代很樂意談論長期規畫並分享他們的想法，只要我不使用繼承一詞。

作為幾家新創公司的導師或顧問，我見過不只一個團隊因為專注於尋找不存在的答案，以致遲遲找不到第一個客戶或獲得外部資金的挹注，他們其實應該在必要時做些改變。有一家我曾指導過的新創企業，成功籌措了數百萬美元，用於增聘員工、在全球設立

學習放鬆自己、暫時放下當前的挫折、從事愉快的活動或回憶美好的過去，都可以培養積極的情緒。

辦事處、密集進行廣告宣傳。然而，所有這些高調的活動都無法增加公司收入。為什麼？可能是產品缺乏穩健或可持續的市場，目標受眾沒有被公司的宣傳訊息打動，市場覺得公司定的售價過高，或是公司所在的產業已經飽和。這個個案的問題，出在產品沒有明確與競爭對手有所區隔。因此，儘管這家新創公司斥資宣傳產品，市場仍認為沒有試用的必要與價值。

改變方向是一個謙虛學習的過程，涉及放下自尊、瞭解好奇心旅程的目標，並決定可能會有重大影響的行動方案。如果我們的好奇心之旅表現遠低於預期或完全失敗，轉向是必須的。

何時該轉向？

好奇心最大的好處（或優點）之一，是幫助我們清楚知道何時該停止堅持。誠實、客觀地回答以下兩個問題。別為了希望獲得某個結果，而受到任何情感因素影響！

- 當您未達預期目標時，是否要繼續在同一條路上耗費資源和時間？
- 無論你多麼努力、投入多少資源在好奇心之旅，是否經常（不是偶爾）收到負面的回饋？

如果上述兩個問題你的答覆都是「是」，那麼你的好奇心之旅可能需要轉向，改走另一條路。

我一直都愛打電玩。電玩是好奇心之旅的鏡像與隱喻，也是培養韌性、毅力、改變方向、解決問題能力的實用攻略。在我二十出頭的時候，曾經沉迷於 Quake。這是第一人稱的 3D 電玩，我必須在黑暗可怖的中世紀迷宮尋找出路，前進的過程中得和各種怪獸戰鬥。我喜歡探索新奇的世界，感受陷入無法逃脫噩夢的不安與緊張，當然也醉心於成功逃脫後的狂喜。如果不幸逃脫失敗，我也不會美化失敗、鑽牛角尖。即便是打電玩，失敗也會造成情感上的痛苦。

但是，我習慣將打電玩受到的挫折視為成長、培養韌性的機會，鼓勵自己不懈地嘗試。打電玩讓我保持敏銳的反應。每一次失敗是我之所以享受電玩的重點。失敗成了學習的機會。每次面臨新的關卡，都需要培養更敏銳的反應速度、更細微的觀察力，還有新穎的思考方式。我堅信（或者說天真吧），自己可以藉由練習持續地進步，我得為自己的行為負責，努力理解自己為何失敗（而非批評失敗），然後問自己如何因應挫折。透過與電玩的每一次互動，我和電玩之間建立了一種奇特的關係，而且愈來愈緊密。這種互動增強我的韌性，而建立韌性就像健身一樣，需要投入、專注和大量的汗水。當你努力克服了障礙，成功的滋味就更甜美。

好奇心之旅離不開阻礙和挫折，也離不開打起精神、堅持不懈地前進。我們不應被未知造成的刺激（腎上腺素狂飆）而分心；我們需要保持冷靜、專注的頭腦與穩定的情緒。也必須讓自己習慣並適應不舒適的情況。實現好奇心計畫的過程中，享受不是重點，更重要的是感受自己不斷地突破能力的極限，體驗跑了六英里後極度疲憊的成就感，而之前最多只能跑三英里。回顧過去的成就，雖然會提升信心，但我們必須努力朝不熟悉的方向前進，關注之前受挫或失利的部分，找到克服問題的方法。遭遇挫折和情緒低落時，我們有兩種選擇：要嘛陷入更低潮，甚至放棄；要嘛重新振作，提醒自己（和團隊）原定的目標，甚至為了更高的成就而奮戰。我們絕對不該放棄或一蹶不振，而是像孩子一樣愈挫愈勇，繼續向前，嘗試新的道路。我們應該不屈不撓，因為總是有其他的選擇與解決方案。

要點整理

實現好奇心計畫的過程中，為了克服挫折、培養不放棄的韌性，有五件你現在就可付諸行動的作法：

- 重新回到原定的目標。提醒自己是什麼原因開啟了這趟旅程。目標很重要，遇到挫折時，我們需要重新找回決定踏上好奇心之旅的初衷。為什麼我們這麼想要實現這個目標？一旦抵達終點線，我們將成為什麼樣的人？抵達目的地之後，生活會是什麼模樣？
- 改變你的敘事方式。必須重新定義挫折，視其為探索與學習的機會，而不是導致衝動反應的災難性事件。
- 建立強大的支持網絡。若我們能與瞭解我們處境的人合作，會更容易培養韌性。他們會在我們需要時，為我們打氣。
- 有效運用積極正面的情緒。減少負面情緒。好奇心之旅若是遇到障礙，應避免恐慌。當我們進入緊急模式，情緒會影響判斷力。受挫時，你反而應該感到更興奮、更有興趣；我們需要有效運用積極正面的情緒。
- 像偵探一樣破解每一次挫敗：
  - 制定計畫，引導自己前進的方向。確定挫折的範圍。詳細記錄如何處理這個問題。
  - 將挫折拆解成更小的部分，開始收集證據，一一分析細部的組成。
  - 花時間消化證據。受挫會刺激我們的好奇心；提出開放性的問題；積極測試不同的假說、框架和工具；探索不同的視角；收集並分析相關數據；看看這些思維會帶我們到哪裡。

» 走進死巷時，改道而行。發現走的路不對時，轉向，嘗試其他選項。

第9章 把盡頭變成新起點

學習的盡頭，只是通往更深層次感受的起點。

——紀伯倫（Kahlil Gibran）

梅伊・卡羅・傑米森（Mae Carol Jemison）一九五六年十月十七日出生於阿拉巴馬州迪凱特，成長於芝加哥。[1]她的父母從小就鼓勵她培養好奇心。傑米森小時候花很多時間在學校的圖書館，她對所有科學領域都有興趣，特別是天文學。只要什麼主題引起了她的好奇心，都很可能變成一個具體計畫或專案。在接受《今日史丹福報》採訪時，傑米森透露，她的母親總是鼓勵她靠自己獨立完成感興趣的研究。[2]每當她遭遇困難，不熟悉某個事物或現象時，她的母親只是告訴她：「這是妳的責任（自己查詢找答案）。」[3]

傑米森希望主修生物醫學工程，當時沒有相關的課程，[4]因此她年僅十六歲就申請選修史丹福大學的化學工程課程。完成學業後，她繼續實踐對生物醫學工程的興趣，前往康乃爾大學攻讀醫學。她在一九八一年從該校醫學院畢業，取得醫學士學位（MD）。就讀醫學院期間，傑米森去過肯亞和古巴等多個國家，支援醫療服務，也滿足她一直想深入瞭解不同文化的渴望。

她曾在多家醫療中心服務，也曾擔任西非和平工作團的志工，之後她加入保險公司信諾（Cigna）擔任全科醫生（GP），同時進修研究所課程，主修工程學。傑米森對外太空有著無窮的好奇心，這讓她擁抱另一段冒險旅程，追尋童年令她著迷的夢想：太空探索。她申請加入 NASA 的太空人計畫，在一九八七年被錄用。傑米森從大約兩千名應徵者中過關斬將，成為進入決選的十五名候選人之一。[5] 她在一九八八年完成培訓。在一九九二年九月十二日，三十六歲的她成為首位上太空的黑人女性。傑米森擔任任務專家（mission specialist），與太空梭「奮進號」上另外六名太空人一起工作。傑米森後來在太空相關科學和太空探索方面取得重大進展，獲得多個獎項肯定，包括幾個名譽博士學位。

傑米森是卓越的典範，向大家證明，滿足一種好奇心，足以開啟另一段好奇心之旅。一九九三年三月，傑米森離開 NASA，但她並未停滯不前，而是積極地創立企業、基金會、和一個國際科學營「我們大家共有的地球」。她還進入大學擔任教授，推廣科學教育和醫療保健。

無論是實現個人目標（比如取得大學學位），或是達成職業生涯的里程碑（獲得一直想要的工作、開創自己的事業、推出新產品），你都應該對自己完成的大小目標心懷感恩。然而，跟傑米森一樣，你不應該讓它戛然而止，就此畫上句點。你一流的表現和計畫尚未出現，它們還在你的前方，而非你的身後。

> 我們可以優雅地結束一個好奇心計畫，接著展開另一個。

我們永遠都不該停下好奇心的腳步，也不需要停止對世界的好奇心。我們可以優雅地結束一個好奇心計畫，接著展開另一個。當我們花時間思考好奇心計畫的結果，同時回答一個簡單、但至關重要的問題，可能又會重新點燃好奇心的火花。這個問題就是：「我是否仍然充滿好奇心，想要繼續探索這個領域或範疇？」我們的回答將左右我們的選擇，而且通常會出現兩條路徑：在A路徑，我們有興趣繼續探索該領域的另一個面向；在B路徑，我們覺得該領域已沒有新東西可以探索，想要改而探索另一個領域。無論我們在終點線決定接下來要走哪條路，有一件事是清楚的：有目標的好奇心猶如一列不斷前進的火車，你永遠不必下車。

跨越終點線的負面影響

努力打拚了數週、數月，甚至數年後，終於抵達目的地時，你可能會發現，開始另一段好奇心之旅比預期來得更具挑戰性。從A計畫轉移到B計畫，可能影響你勇往直前的精神，常見的原因有三個：（一）滿足好奇心的興奮與快感達到高峰後，會出現反高潮；（二）尋找另一個令人興奮的計畫，困難重重；（三）剛結束一段旅程便立即開始新的旅程，讓人覺得壓力山大或疲憊不堪。

歷經一番艱苦打拚，實現了好奇心計畫，興奮之後會出現反高潮，就好比站在高山的山頂，達成鮮少人能夠達到的壯舉。你俯瞰下方，心想：「就這樣嗎？」儘管為這趟旅程做了充分的準備，但到達高峰（高潮）後往往會經歷低谷，感到空虛。許多曾經展開好奇心之旅的人，不論是進行探索還是創業，因為能夠對自己的人生、社區，甚至全世界產生積極的影響，所以感到非常滿足。不過，我與許多人交談後發現，實現了既定的目標後，他們反而覺得空虛。

結束難免讓人覺得苦樂參半。經歷需要高度專注、執行力、興奮刺激的旅程後，我們焦慮地想知道：「接下來呢？完成了這項艱鉅的任務之後，接下來要做什麼？」這種失落心情，有幾種解釋。第一種是化學反應。每次滿心期待實現一個目標時，我們的大腦會釋

> 過早決定一種方法或解決方案，可能失去讓你興奮不已的機會，而這些機會是你一開始難以想像的。

出一種神經傳導物質多巴胺。每完成一個里程碑，都會再次釋放多巴胺，激勵我們走下去。然而，每當完成一個計畫，大腦也會減少分泌多巴胺，連帶讓人陷入低潮，在生理、情感和心理上，我們會變得不太容易開心。

其次，你可能找不到跟上一個目標同樣引人入勝的挑戰，或者被太多可能的計畫淹沒，感到不知所措。當你發現自己想要進一步探索、解決新的謎題、抵達另一個目的地時，過去的成就可能會困擾你。你可能會問自己：「我如何超越之前的成就？」再者，你可能被太多可能的計畫淹沒，無法決定要挑戰哪個新目標。這兩種想法都可能成為前進的障礙。

最後，一旦跨越了終點線，你可能會用各種理由說服自己停止探索。設計師麥可・傑格告訴我：「你很容易找到十個行不通的理由。你以為自己很聰明，可以找到這麼多理由。」[6]你過去的成就可能是個陷阱，讓你習慣熟悉的方式，而不太願意探索其他新奇的選項。傑格指出：「當我們成立一家企業，即便一開始有許多突破，但過了一陣子，我們便開始保護自己設計的東西。」亦即我們一味保護已創造的產品，不願超越它，繼續創新。

無限的好奇心

所有好奇心計畫都有終點，而事成後的階段非常關鍵。我的意思是，在抵達目的地（完成目標）後的幾天或幾週內，是關鍵階段，必須想辦法將一次性的勝利轉化為未來長期不斷成功的契機。我們必須利用這段時間找到新的目標與挑戰，然後努力實現。就時裝設計師卡川特蘇而言，這是一個有機的過程。她說：「一個想法將導致另一個想法，也就是以新的方式進行探索。想法衍生更多的想法，猶如搭積木，形成未來的計畫。」[7]

我們必須保持好奇心和求知欲，持續地學習、探索，讓自己彷彿一直在進行好奇心之旅。英國藝術家蓋文・特克告訴我：「說來奇怪，你幾乎不想解開這個謎，因為答案揭曉後，會破壞它的挑戰性以及探索的欲望。」[8]事實上，我們累積的知識愈多，愈難看到探索計畫的終點，因為我們總是對下一個探索目標感到好奇。從某些方面來看，我們累積的知識愈多，愈覺得自己所知有限，因為知識會激發我們提出更好、更有挑戰性的問題。我們應該有信心，相信還有更多的想法等待我們探索，有更多的問題等待我們找出答案，有更多的謎題等待我們破解。總是有更多值得我們學習的事物。

你要如何換檔改道，重新聚焦於新的計畫？回顧一下剛完成的好奇心計畫，問自己一個關鍵問題：「我是否仍對這個領域有探索的熱情與好奇心？」根據你的回答，有兩條路可選。如果你的答案是肯定的，可以選擇A路徑：利用尚未被開發的好奇心，繼續探索這個領域。如果你的答案是否定，可選擇B路徑：進入另一個新的領域，規畫全新的好奇心之旅。現在就讓我們進一步分析這兩條路徑。

A路徑：繼續深耕原有的領域，拓寬原有領域的邊界

愛德華．寶漢．卡特（Edward Bonham Carter，演員海倫娜的哥哥）就讀曼徹斯特大學，主修經濟與政治學。[9]畢業後，曾服務於數家資產管理公司，一九九〇年代加入英國投資公司先機（Jupiter），該公司管理的資產約六百億英鎊。有趣的是，先機的廣告宣傳有好一陣子以好奇心為主題，並強調好奇心是區隔先機與競爭對手的最大不同點，打出的廣告口號是「多還要更多是人類的天性」。

寶漢．卡特在先機擔任投資長，並擔任執行長達七年之久，表現極為優異。他告訴我，他成功的關鍵在於不斷提問，並將其轉化為好奇心計畫。他說：「作為〔副董〕的職責之一，就是花更多時間觀察長期趨勢。我們花更多時間思考，哪些是造成巨大影響力的因素？」[10]這些問題對於在同一個領域工作多年的人來說，可能很難回答，因為經驗可能讓你將許多現象視為理所當然；如果你抱持這種態度，可能會錯過產業、文化和社會經歷的變革，影響所及，恐不利公司將來長期的發展。那麼，該如何在自己非常熟悉的領域保持

新鮮感呢？

寶漢．卡特會刻意空出時間，以不同的角度思考開放性的問題。他思考不同的情境，質疑人口統計、新技術和其他議題（如貧困、氣候變遷）所提出的假說。「西方國家人口高齡化的挑戰是什麼？」他問道：「我們如何負擔老年社會？這對經濟成長和生產力意謂什麼？這是一個極為複雜的大課題。第二個重要的課題是新技術。技術會是萬能的解決方案？還是會衍生更巨大的挑戰？比如說，若自動化的腳步加快，人類該怎麼辦？我們是否教會大家適應第四次工業革命的技能？」[11]他說，糧食配送、獲得乾淨用水和適當的衛生設施，以及氣候變遷，也是很重要的課題。他的好奇心不受限制，使得他不會被困在過去，也不會根據不再相關的假設做出決策。

其他人與我對談後，也提供他們對未來的規畫與見解。女高音陳瑞絲計畫到未曾合作的歌劇院演唱，演出她未曾扮演過的角色，並錄製更多張專輯。[12]紐維提及他會參與更多的長途賽車比賽（如二十四小時利曼耐力賽），以及開發更小型、更高效的賽車。[13]阿斯頓、庫魯尼斯、桑德斯等探險家，提及他們渴望前往最險惡、最極端的地點，記錄所見所聞，然後與世界分享他們的經歷。[14]避險基金的經理們，則深受加密貨幣及其他新形式貨幣的吸引。

答案會啟發更多的問題，猶如超連結典型的建立方式，讓人不禁好奇，一個人（包括寶漢・卡特在內）如何在同一個領域保持好奇心，甚至持續數十年之久。許多深耕自己領域的人相信，他們永遠有發現（或追求）不完的研究主題。然而，一直在同一個領域的情況下，探索變得更加困難。當你每一次完成清單上的待辦事項，要如何填入更多的項目？什麼能激勵你學習新的技能，建立新的關係，重新找到方向和目標？如何找到令你興奮的新問題或計畫，讓你持續發揮影響力？

如果你選擇繼續深耕同一個領域，但遇到了困難或瓶頸，以下幾個建議可以協助你重新點燃好奇心。

立刻開始

當好奇心消失時，不要只想著如何恢復探索的欲望，而是要積極主動改變現狀。每完成一項任務時，在清單底部添加兩個新項目。DRW創辦人兼執行長威爾森建議，如果你已鑽研這個領域一段時間，現在應該專找該領域較具挑戰性的任務，這也有助於推動該領域的發展和進步，產生一定的影響。[15] 例如，身為一名教育人士，我對教育在元宇宙中可能變成什麼模樣感到興奮。元宇宙「結合了社群媒體、線上遊戲、擴增實境、虛擬現實和加密貨幣等領域，讓使用者在虛擬世界中進行互動」。[16] 我已開始探索如何使用虛擬實境，設計更多的沉浸式學習。元宇宙技術可以如何讓高等教育變得更包容，讓學生更投入？

增加下一個冒險的難度

你可以提高難度，但不要讓自己感到壓力過大或冒起失敗的風險。同時也不要設定太容易的任務，以免感到乏味。我們希望自己參與的好奇心計畫持續進展，也希望兼具一些難度，因為有挑戰才能幫助我們發展技能和創造力。

探索新機會，讓它們與過去的旅程相連接

保持積極開放的心態，尋找領域中尚未被挖掘、但與你過去經歷相關的部分。成功開發人造蛛絲布料的關山表示：「身為Spiber的執行長，我必須找到更多潛在的機會，一一研究之後，試圖在它們之間建立連結，以便發現更多的商業機會，或是成立專案，測試這些機會是否可行。」[17]其他人則是跨出自己的領域，尋找新的機會。紐維之所以能深化對賽車的好奇心，是因為他試圖理解「其他領域（例如建築、飛機設計）」的人在做什麼，然後找出可應用在自己領域的知識與技能」。[18]

擺脫已養成的習慣，向前邁進

我們得培養一種心態——保持好奇心和求知欲，並且願意重新學習（unlearn）。傑格告訴我：「你必須願意說：『你知道嗎？去年大家都喜歡那些圖像和那樣產品，但我們必須割捨。我們必須放下過去成功的經驗，向前邁進。』我老愛引用搖滾樂團『衝擊』（The Clash）的例子。你看看衝擊或披頭四錄製的每張專輯。他們做的就是學習和前進。」[19]

勿太早定型

繼續用不同的方式深耕你的領域。好奇心作為動力，應該會激勵你進行更多的實驗。騰出時間磨練並鍛鍊這方面的能力。請記住，過早決定自己的風格、聲音、特徵或作者身分，可能是一個陷阱，會侷限你探索與創造的空間。你應該嘗試不同的概念、路線、寫作風格、材料等等。太早決定一種風格或方式，會剝奪你許多的可能性，而這些可能性可能是你一開始完全沒想過的。

保持愛搞怪的孩子氣

隨著年齡的增長和知識的累積，我們情緒變得更加成熟穩定，更善於評估受眾的情緒。當我們感覺到進一步追問不會有任何進展與意義時，也不會再繼續推進。重新找回愛搞怪的孩子氣，提問題、挑戰一切、不受傳統的束縛、不管受眾是誰。我有一個朋友熱愛騎自行車，到了癡迷的地步，他會不斷地提問，希望提高自己的表現：什麼樣的飲食才適合？甚至會問要留哪種髮型，可以改善空氣動力學。有時他的問題讓人退避三舍，認為他問過頭了，但聽了他的解釋，瞭解了他追求成功的熱情和動機，通常會重新支持他。

重組團隊增加生力軍

每次有更多生力軍加入你的團隊，都有助於提升你的實力，你會變得更強大，更有能力因應新的挑戰、解決新的難題。關山告訴我：「自從我們開始人造蛛絲這個專案，一直持續地學習與進步，包括每次取得小小的成就，網羅更多人進入團隊，變得更加茁壯，就更有能力應對愈來愈多的挑戰。」[20]如果你正在熟悉的領域闢出一個新的方向，你需要不同才華的人加入團隊。例如，你一直在運動服飾這個領域，現在你會想更深入研究智慧服飾——可以追蹤步數或監測體溫的可穿戴設備。你可能需要網羅一名軟體開發工程師進入團隊，進一步落實你的想法。

B路徑：退出目前的領域，進入新的領域

羅伯・奈爾（Rob Nail）出生於加州首府沙加緬度郊區一個農業小鎮。他的母親從小就培養他保持好奇心。她會帶著小孩去圖書館，鼓勵他們選擇自己想看的書。他說：「我們每個週末都會去圖書館。圖書館規定，你能搬得動多少書就可以借多少書，借閱量以重

量為限。所以，如果你想借一本厚重的藝術書，而你只能搬得動這麼一本書，就只能借一本。」[21]閱讀習慣拓展奈爾的視野，讓他接觸與探索了許多主題。他說：「因為我不得不整整一週都和同一本書共處，我會讀完整本書。這不像今天在推特或網路上看到的那種簡短摘要或總結。」奈爾不會專注於追逐一個線索（主題），而是同時涉獵多個主題，每個主題都有自己的故事和潛力。他說：「你愈深入體驗某些領域，你的世界就愈寬廣。」

奈爾自沙加緬度的一所高中畢業後，他的班上連他只有三個人繼續念大學。[22]他被加州大學戴維斯分校錄取，主修工程學，並認識他最好的朋友喬本・貝維爾特（JoeBen Bevirt）。兩人有個共同的興趣：會飛的車。奈爾說：「我們兩人都聽過保羅・莫勒（Paul Moller）這個人。他在戴維斯分校擁有榮譽航空學博士學位，正在打造一輛飛行汽車。我和貝維爾特後來都到他的公司實習。那裡就像個遊樂場，我們可以探索並發現各種新事物。所以在這裡，我找到了另一個宇宙，讓我探索和玩耍。」[23]大學畢業後，奈爾繼續在莫勒國際公司工作，貝維爾特則到史丹福大學研究所深造。有一次他去史丹福訪友，對於貝維爾特和其他人正在從事的研究產生好奇。他說：「我這才發現存在著另一個世界，我以前根本不知道它的存在。那就是加州的帕洛阿托——矽谷科技重鎮，這彷彿又是另一個全新的宇宙。」在貝維爾特的勸說下，奈爾申請了研究所，並順利被錄取。

研究所為奈爾開啟另一個令人著迷的世界。當時正好碰上一九九〇年代末矽谷掀起的網路發展熱潮。「網際網路對我來說毫無意義，」奈爾回憶道：「我只想設計機器人並專注於技術的層面。同時，我和貝維爾特也利用閒暇兼了一份差事。他當時在一家製藥公司幫研究員改進流程。工作很有趣，可以幫助一些正在從事酷炫研究的科學家。」

奈爾和貝維爾特意識到，他們正在做的事擁有巨大的潛力。他們成功在一九九九年創辦了生命科學機器人公司 Velocity11。一開始，他們用自己的資源創業，後來公司逐漸成長壯大，最後賣給了安捷倫科技公司。奈爾在安捷倫繼續工作了幾年。

Velocity11 結束，奈爾滿足了他對機器人的興趣後，開始尋找下一個大事業。他覺得自己在機器人領域的發展已經到了盡頭，漸漸對崛起中的新創企業產生好奇。他對天使投資的濃厚興趣，讓他面臨另一個陡峭的學習曲線。在那段期間，他在不確定和熱情之間來回擺盪。「那段期間，我認識了彼得．戴曼迪斯（Peter Diamandis），他是工程師、醫生和實業家。」奈爾回憶：「他和美國發明家和未來學家雷蒙．庫茲維爾（Raymond Kurzweil）剛剛創辦了奇點大學（Singularity University），提供高階管理的進修課程、企業育成服務、創新諮詢等。我參加了奇點大學的第一個高階管理課程。我走進教室時，心想自己可是機器人和生物技術的專家。但那一週，我學到機器人和生物技術領域正在發生的一些事，我之前都沒有發現。那真是令人血液沸騰啊。」[24]奈爾開始對神經科學和奈米技術領域的突破產生興趣，這些突破正好可以和他的機器人業務相結合。他認為這是非常讓人激動的新視野。

奈爾非常喜歡奇點大學。此外，即使在機器人領域已有十多年的經驗，他仍然積極探索這個領域的進展。他在機器人領域投入了時間和金錢，也向奇點大學提出幾個創新的想法，讓創辦人戴曼迪斯和庫茲維爾印象深刻。奈爾表示：「這真的很令人興奮。一開始我只是提供協助和建議，但一年之後我便接掌了領導人的角色，成為奇點大學的執行長。」[25]奈爾找到他的新目標。

就像奈爾，我們必須瞭解，在生命的某個階段，我們會改變好奇心的目標。我們將從乘客的角色轉為駕駛的角色，發揮創意，進入全新的領域。有一天，我們可能對待在原有領域、繼續挖寶，失去了熱情與興趣。一旦我們達到當初設定的目標並登上頂峰，對該領域的好奇心可能會降低。好消息是，總會出現下一個你想探索的目標。如果我們已經抵達某個領域的顛峰，是該停下來，轉向其他領域繼續探索。

那麼，我們該如何為自己在新領域的好奇心之旅做好準備呢？我們如何從一個領域轉到另一個領域？由於人類的壽命愈來愈長，學習新知和技能的年齡一直往後延，退休年齡也不斷提高。換言之，我們一生的職涯可能轉換跑道兩、三次，甚至更多。然而，轉換領域可能讓人覺得難度太大。以下是一些成功轉換領域的策略。

摒棄已有的知識與角色

已經轉進另一個領域的連續創業家羅貝塔・盧卡，把大衛・鮑伊視為榜樣與偶像。她說：「鮑伊勇於保持新鮮感，毫不猶豫放棄他成功建立的角色，然後重新開始，因為他認為還有新的東西可以帶給這個世界。」[26]她接著道：「他說：『我要殺死齊格・星塵（Ziggy Stardust）這個角色，另創一個新角色。我不擔心改變，我要繼續前進，希望這能鼓勵更多人跟我一樣，在自己的人生中不斷嘗試新事物。』」

為新靈感騰出空間，讓生命持續成長進步

走進不同的兔子洞。現在不是過度思考的時候，跟著你的好奇心前進，並在路途上隨時評估所在的位置與方向。我們在本書稍早提到的3D雕刻藝術家、電玩教授、電腦遊戲設計師哈維解釋：「我會陷入沉思，心想我們接下來可以開發什麼遊戲。」[27]不管多麼荒誕或不切實際，都沒關係。實際上，愈離譜愈好。勇於放手，不要想掌控一切，也不要限制你的想法。讓各種想法自由流動。

找到你的新目標

走進不同的兔子洞，代表尋找新的目標，發明某個新東西。一旦完成上一個目標，隨

即和下一個想法談戀愛。內心開始夢想新的事業，但也不要忽略手邊正在進行的計畫與資源，同時牢記自己的目標和方向。倫敦科技創業家、天使投資人和新創企業的非執行董事潔西・布徹，過去十五年來，從零開始創建了多間成功企業。她指出，她現在想做的和過去成立的新創公司及投資決策完全不同。她希望發起一項運動，關注心理健康。她表示：「我想為全球所有人開發一個真正有用的工具，能刺激、鼓勵他們。」[28]

擠出時間取得新領域所需的資訊和資源

之前提到避險基金交易員恬莎・李，在金融業工作六年後，鑽研機器學習，開發出一種演算法，可判讀病患心臟的核磁造影掃描影像。她表示，自己非常興奮可以跨足新的領域，因為她意識到，金融領域已經沒有太多能讓她感興趣的東西。「我心想：『我不想再待在這個領域。我認為在這一行，已經沒有太多讓我感興趣的東西。』否則我很難這麼高度專注地學習這些內容。但同時，一旦開始學習，又覺得很開心，也想知道更多。」[29]

善待自己，勇往直前

跟著我說一遍：「我的計畫到目前為止進展得不錯，但我已經失去了興趣，現在我想進入另一個領域，尋找另一個閃亮的目標。一切從零開始，如果走上一條我想都沒想過的路，那也不錯。」轉換到不同的領域，對其他事物感到好奇，當然很ＯＫ。五年前我們好奇的對象，現在看起來可能有點無趣。所以，對新領域產生好奇，絕對是正常現象。

我們將從乘客的角色轉為駕駛的角色，發揮創意，進入全新的領域。

凡事要適度

不管你選擇什麼道路，不要過度執著於好奇心，也不要完全放棄好奇心，要在兩者之間適度地平衡。生活中的一切也是如此。

我為本書訪談了一些人，他們經常提醒大家要避免極端，以免陷入險境，也提醒大家避免過度執著於好奇心，以免產生反作用或對個人生活產生負面的影響。他們談到為了追求好奇心、付出很高的個人代價，包括延後度假時間、無法花太多時間陪伴家人或親人、錯過重要聚會、失眠，而伴侶或家人也常抱怨他們在好奇心之旅花太多時間。

古希臘人認為，一個人應該選擇中庸之道度過一生，盡可能避免極端。古希臘詩人林多斯的克萊俄布盧（Cleobulus of Lindos）在公元前六世紀，提出「凡事要適度」（pan metron ariston）的人生格言，這對我們有目標的好奇心之旅至關重要。有一種方法，可以讓你一邊實踐偉業和滿足好奇心，一邊享受生活並善待自己。兩者可以取得平衡。

首先，提醒自己**長期的目標**，亦即激勵你前行的動力。你需要不斷地問自己：「我的目標是什麼？我為什麼而努力？」切勿盲目地跳進兔子洞，得先考慮你的長期目標和整體情況。加州納帕谷知名的哈蘭酒莊（Harlan Estate）創始人和莊主H．威廉．哈蘭（H. William "Bill" Harlan）表示，深思你的長期目標、規畫更全面的路線圖，然後才進入兔子洞。[30]短期目標會阻礙適度而行。當我們沉迷於瀏覽一個又一個網站，這無助於提升我們的適應能力和專注力。瘋狂瀏覽網站，可能讓你獲得一時的滿足，然而如果不懂得節制，可能會上癮，甚至影響健康，無助我們取得實質、具體可衡量的進步。不明白這點，我們可能會忽略長期的利益。我並不反對科技。另一個極端是讓生活完全與科技切割，這也是有問題的。為了發展新領域，我們必須身兼生產者和消費者兩個角色。有了長期目標的思維，我們會更有效率地計畫，分配注意力、時間和資源。

其次，要**注意**什麼時候該罷手。在沉迷行為螺旋升級到危險和不滿意的狀態之前，要懂得踩煞車。沉迷時間過久，可能更難回到現實。換句話說，當你全心投入時，要保持警覺。是什麼觸發我們不斷尋找刺激或具有挑戰性的任務？是覺得無聊，還是害怕自己停滯不前？反思這些問題，會讓你獲得寶貴的線索。我們需要認真思考我們所做的事情，瞭解它們的目的和意義，以及認真思考需要採取什麼行動，才能保持正確看待問題的角度。更清楚是什麼動力激勵我們行動，可以讓我們回到理想的中庸狀態。例如，如果你忽略了家人和朋友，是否可以調整時間表，騰出多一些時間陪伴他們？你是否可以在走路上班時，放下手機，觀看周圍的建築物，注意大家在做什麼、讀什麼書、做什麼穿著打扮？

第三點，**選一個夥伴**，盡可能傾聽他們的意見。夥伴可以是家人、朋友或信任的同事，讓你有責任感，時時自我監督。他們會提醒你，重新專注在眼前的工作。奧運獎牌得主庫克告訴我，有個互相砥礪的夥伴非常重要。她說：「許多時候，教練的意見絕對是正確的——我確實需要放鬆，但有時我必須透過不好的經驗汲取教訓。」[31] 獨自一人往往會導致草率地做過了頭，所以應該聽聽他人的觀點。

哈蘭就讀加州大學柏克萊分校時，愛上了納帕谷，該區位於舊金山以北約五十英里，是著名的葡萄酒產區。[32] 哈蘭夢想在此擁有一座葡萄園，所以持續拜訪、品酒並深入研究如何釀製葡萄酒，同時密切關注納帕區的發展。一九七五年，他和合夥人彼得・斯托克（Peter Stocker）創辦房地產開發公司「太平洋聯合公司」，主業是把住宅公寓改建為共管公寓（condominium）。[33] 哈蘭和合夥人成功讓公司躋身美國最大的商業及住宅物業開發商之列。成功的事業讓他有財力買下納帕郡聖海倫娜的梅多伍德（Meadowood）鄉村俱樂部，並將這破敗的俱樂部改建成知名的度假村。[34] 一九八〇年，知名的加州葡萄酒製造商羅伯特・蒙達維（Robert Mondavi）有意建立「納帕谷葡萄酒拍賣會」（Auction Napa

Valley）。這是一個慈善拍賣會，希望將募得的收益分配給當地非營利組織和「策略型計畫」；基本上是師法「伯恩濟貧院葡萄酒慈善拍賣會」（Hospices de Beaune）的作法。[35]納帕谷葡萄酒拍賣會的活動，將在哈蘭的梅多伍德度假村舉行。

蒙達維邀請哈蘭一同前往法國。[36]他們參觀了波爾多區所有頂尖酒莊和勃根地的一級葡萄園。[37]哈蘭在其著作《山坡上的觀察》（*Observations from the Hillside*）寫道，看到這些酒莊，接觸到代代相傳的家族事業，改變了他原本的興趣，另外規畫了一個有目標的好奇心計畫。[38]他的新抱負是在納帕谷打造一級酒莊，也就是朝著釀出媲美波爾多一級紅酒的目標邁進，等級類似木桐酒莊（Mouton Rothschild）和拉圖酒莊（Latour）。[39]這個目標也改變了他對時間的看法：從房地產開發商關注短期計畫（從一個建案快速跳到另一個建案），轉換到關注長期目標，建立可世代相傳的事業。[40]

哈蘭開始學習釀酒，向知名釀酒家族取經，苦思如何從既有的納帕谷釀法與技術中脫穎而出。[41]他詳記筆記，費心剖析釀酒世家長盛不衰的祕訣。[42]受到歐洲酒莊之旅的啟發，哈蘭制定了一個兩百年的計畫，首先成立一個小酒莊，網羅一支優秀的專家團隊，在一九八三年發表了第一支有上市年份的葡萄酒，正式進軍葡萄酒領域。[43]一九八四年，他創立哈蘭酒莊（Harlan Estate），買下納帕郡奧克維爾小鎮附近未開墾、約四十英畝的山坡地，種植葡萄。[44]他花費四十年時間，將哈蘭酒莊打造成知名品牌，釀製的葡萄酒比波爾多一級酒莊的標價貴了一倍，而且也推出其他成功的品牌，如龐德酒莊（Bond）和普羅蒙特酒莊（Promontory），加上梅多伍德度假村和納帕谷葡萄酒俱樂部（Napa Valley Reserve）。他曾告訴一位記者：「我們的篇章永遠不會結束。」[45]

有目標的好奇心猶如談戀愛，不是一夜情。這是個五彩繽紛的世界，還有太多沒人涉足的地方；每個研究領域還有許多未知等著你去發現。即使你能活到一百歲，還是要持續摸索。有目標的好奇心是不斷地探索、學習新知、嘗試新的體驗、質疑曾經做過的事情。好奇心可以發揮積極的影響；若能保持不斷進步的狀態，也是一種開心的享受。

讓好奇心引導你去突破邊界，這才是生命的本質。好奇心可帶領你發現值得探索的新地點，乃至造訪另一顆星球，計畫可大可小，一切由你決定。當我們感到好奇心已被滿足，或是未來的計畫無法讓我們更接近一開始設定的目標，或許就該重新評估正在進行的計畫，投注熱情、開發新的領域。

我相信，我們永遠有探索不完的新對象。但同時，我們必須發揮創意，願意學習，努力伸出觸角、涉足不同的領域。可是別忘了專注當下、保有熱情。最重要的是保持好奇心。

要點整理

- 完成好奇心之旅是了不起的成就。探索下一個計畫之前，花時間感謝自己完成的每一個里程碑。一個好奇心計畫的結束，其實是另一個計畫的開始。
- 一旦好奇心獲得滿足，接下來可能會遇到三個常見的挑戰：
  - » 滿足好奇心的興奮與快感達到高峰後，會出現反高潮。
  - » 難以找到更大的挑戰，或者被過多可能的計畫壓垮。
  - » 抵達目的地後，好奇心可能也跟著關機。
- 完成好奇心計畫後，必須問自己一個關鍵問題：「我是否仍對探索這個領域感到好奇？」你的答案會左右你選擇A路徑或B路徑：
  - » A路徑：你仍然對自己目前所在的領域感到好奇，那麼繼續耕耘，但努力拓展該範疇的邊界。
  - » B路徑：你覺得該領域已沒有新東西可以探索，渴望探索另一個領域。那就退出目前所在的領域，進入新領域實現你的好奇心計畫。

- 無論你選擇哪條路徑，過於執著好奇心可能不是最好的選擇（就像生活中的其他事情）。適度的好奇心或許才能得到最佳的體驗與收穫。要小心凡事過頭的危險！

後記

好奇心和奇蹟的真正源頭：未知，加上它的唯一解藥——想知。

——奈爾．德格拉斯．泰森（Neil deGrasse Tyson），《大哉問》

當我投入這段漫長又有價值的旅程，專心研究、撰寫何謂有目標的好奇心，這期間我的生活發生了根本性的變化。有了一個我熱中追求的目標，就愈想花更多的時間在這本書上面。我發現，當我完全融入工作之時，整個人的能量會上升。我還發現，必須將熱情付諸行動，而不是永遠只做白日夢。期間，我和科技之間的關係改善許多。為了滿足好奇心，我開始接觸並學習對這本書有意義的事情與新知。鐘擺轉向了：我以前閒暇時習慣漫無目的地滑網路，而今則是有目的地尋找有趣又能讓我關注的事物，擁抱鮮少有人走過的路。我很清楚自己上網的目的：現在是重新點燃與實踐有目標的好奇心的時候，因為時間有限，不容蹉跎。

我們的旅程可以對社會產生巨大的影響，讓世界更安全、更健康、更快樂、更有創造力和同理心。

我走在倫敦的街道上，思索如何替這本書收尾。有幾個不同的想法此起彼落，心裡一直在替自己打氣，還差一點點就可收工了。我成功把自己所知的一切和大家分享，任務圓滿落幕。突然一個想法擊中我。其實我還有太多的事要做。我們所有人都一樣，有太多未完成的事情。最後，請允許我就教養、教育和社會等領域如何善用有目標的好奇心，提出一些想法和建議。

養育

我的女兒莉迪亞小時候是個好奇寶寶，對周圍的環境充滿了好奇心，不斷地探究、實驗和觀察。當時我們住在倫敦市中心一間小而舒適的公寓，她總是對廚房裡的鍋碗瓢盆充滿熱情，不斷地問**為什麼**。我自己也是個滿懷好奇心的人，所以從不覺得她的問題煩人或讓人疲於應付，即使她長大一點，對我和妻子不知如何回答的事物或現象，還是會問**為什麼**。我認為這種對答案的渴望是自然的天性。她想瞭解周圍的世界。當我們帶她去附近的花園和公園時，她摘花、翻石頭，還不停地進行小實驗。很早以前，我就意識到孩子是天生的科學家，他們所做的一切不外乎探索和測試。

莉迪亞讓我想起小時候的自己。跟她一樣，我有超強的好奇心，但我也有一個可怕的習慣（對我父母來說很可怕）——喜歡拆東西。每個玩具都被我分屍。電器和電腦當然也不可能逃過我的魔掌。我拆東西是為了看看物體內部的結構與運作原理。我是魔鬼解構者。大家可以想像一下，當我的父母看到買給我的東西有半數報廢時，他們有多震驚。回想我的童年，我非常感謝父母，他們從未嚴肅地對我說教；相反地，他們巧妙而不著痕跡地成為我忠實的贊助人，盡可能支持我的下一個解構實驗。我自小成長的環境鼓勵我拆東西，瞭解內部的運作原理，嘗試改善它們的功能，或者想辦法與其他東西合併。這樣的成長經驗非常美好。

我的好奇心王國布滿玩具、工具，沒錯，還有很多報廢品。我捨不得丟掉拆卸下來的零件，因為我始終認為，其中總有一件會在下個實驗中發揮作用。我深受無限的可能性、懸疑、各種問題和謎題、刺激想像力的催化劑所吸引。小時候，我的興趣多元，喜歡技術、藝術、設計、建築、音樂和商業，總覺得與未來相關的探索性問題非常吸引人（例如，「接下來會發生什麼？」）。隨著年齡增長，我多樣化的興趣，以及對未知領域心存好奇，讓我積極地大量閱讀。我大部分的零用錢都花在購買書報雜誌。當地的報攤和學校的圖書館就是我小時候的網際網路。我會把興趣轉化為計畫，深入探索並研究。我的父母鼓勵我保持好奇心，從不覺得它煩人或令人沮喪。

所以，該如何讓孩子培養有目標的好奇心？

幫助孩子培養好奇心

我們必須鼓勵孩子問問題，而不是打壓。倫敦博物館的資深策展人佛席斯回憶：「我記得有一本百科全書，是媽媽給我的。在書的前半部，有一幅插畫，我想這是出自英國作家吉卜林的詩句，上面寫著：『我有六個忠實的僕人（我知道的一切，都是他們教的），他們的名字分別是what（什麼）、why（為什麼）、when（何時）、how（如何）、where（哪裡）和who（誰）。』」[1] 獲獎的犯罪小說家洛勃森強調，大家應該常問：「如果你是……會怎樣？」他說，這問題的威力驚人：「無論如何，這是同理心的最終表現，讓自己設身處地為他人著想。大家應該更頻繁地這麼做。例如，如果你是難民會怎樣？讓我們深入探討這個問題，你認為如果……，會發生什麼事？」[2]

向孩子拋出這類問題，讓他們自己思索答案，可以激發他們的好奇心。當他們問你，玩具為什麼會動、什麼是電、吸塵器的運作原理等五花八門的問題，你需要認真對待這些提問。Systematica 投資公司（Systematica Investments）的執行長萊達．布拉加（Leda Braga）提供了很好的建議：「我每次都盡可能給出完整的答案。如果你不知道答案，也許你可以對孩子說：『你應該去閱讀相關的書籍，因為我知道的就這麼多，無法給你更多資訊。』」[3]

鼓勵孩子開始自己的好奇心計畫

讓孩子對自己熱愛的領域保持好奇心。讓他們自由發揮，怎麼做都可以：他們可能會想出不一樣的世界，進一步瞭解父母的職業，或是預想他們的計畫對世界將產生何種積極的影響力。保持好奇心的好處是，這將激發他們探索並理解未知的現象，幫助他們成為有能力的學習者。

樹立榜樣

沒有什麼比看到只顧著滑手機的家長更令人沮喪的事。外匯交易公司 XTX Markets 執行長阿莫洛利亞說：「要對你的孩子和他們的觀點保持好奇心。」[4]孩子們對最新的流行趨勢有非常寶貴的見解。傾聽他們並做好準備，說不定會從他們那裡聽到出乎意料的新資訊。和孩子交流，談論你自己的好奇心計畫。向他們展示你的研究成果、初步發現和製作的原型——無論你有什麼都盡量拿出來。使用視覺和觸覺的方式，激發孩子的興趣。與孩子分享正向的好奇心養成習慣，可以保持終身的好奇心。

親子一起好奇

找到一個你和孩子都想解決的難題。例如賽車工程師紐維跟我說，幫助他父親（獸醫、業餘工程師兼車迷）組裝一輛汽車，激發他對汽車和汽車設計的興趣。[5] 指導孩子親自動手做東西，教育他們別指望生活中的一切可以信手拈來，以及告訴他們向別人尋求幫助之前，應先拿出工具箱嘗試動手做。讓孩子參與製作過程，偶爾讓他們自己摸索，給他們時間尋找資料、進行實驗和學習。也許更重要的是，培養他們自力更生，這是古希臘人所稱的 *autarkia*，意思是「自給自足」，給孩子自己解決問題的空間，從中他們會發現自己需要什麼，學會照顧自己，以及避免陷入自憐的情緒。

教育

作為一名教育工作者，我的工作是讓我的課程具啟發性又有趣，積極保護學生探索的精神，並提供學生有趣的主題或問題，激發他們的研究興趣。學校與研究機構付費給學者，希望他們有目標地保持好奇心。我們進行研究，在自己感興趣的領域指導學生，還可長期埋頭鑽研不同的主題。一個人能被允許探索不同的問題，實在是非常珍貴的特權。我們應該倡導終身學習。瞭解不同的背景並隨時掌握最新知識，才能做好準備，迎接新的挑戰。

我們能做些什麼，來教育新一代的學生，讓他們保有健康的懷疑狀態，積極而有目標地探索，完成自己的研究，且擁抱未知的事物？我採訪的對象提供了耐人尋味的建議。

歐布隆公司的共同創辦人約翰．安德科夫勒建議，學生應該從資訊的被動接收者，轉型成為充滿好奇心、掌握自己學習旅程的主人。[6]我們必須鼓勵學生深入探索點燃他們好奇心的領域。老師可依據學生的需求與好奇心，篩選相關的資訊。這可以提升他們的自信，進而願意與班上其他同學分享新的發現與見解，連帶刺激同學的好奇心。

投資人愛德華．寶漢．卡特建議，創造一個安全的氛圍，讓學生願意「舉手提問」。[7]我本人很幸運，因為就讀的學校鼓勵蘇格拉底式的學習。這種方法包括和老師進行有意義的對話，老師則透過回答許多問題來引導學生學習。沒有任何禁區與禁忌——任何問題都不會被視為蠢問題。教育應該鼓勵學生質疑權威，而不是對媒體、政府或大企業灌輸的思想，毫無疑問地照單全收。連續成功創業的實業家布徹建議，廣邀學生就他們的發現進行辯論和對話。[8]這種方法可以催生全新的見解。

光明實作學校的創辦人蓋維．塔利說，鼓勵學生耕耘符合自身興趣的計畫，並給他們時間成長與學習。[9]擁有自主權的學生，可以選擇獨立作業或是加入團隊與他人合作，這樣可以毫不掩飾地完全做自己。給他們時間和空間，學生會突破他們不知道的界限，並願意主動去探索答案。培養一種有系統、持之以恆的學習方法，學生才會願意剖析最新的研究、框架、工具、影片和圖像。

極地探險家桑德斯指出，學生和有些人習慣透過親力親為的方式學習。[10] 教育必須創造機會，讓學生直接體驗周遭的環境，擁抱不確定性，並樂於接觸未知的領域。親自動手實驗、尋找創意和靈感的旅行及探險，都會激發創造力，幫助學生發現令人興奮的現象，鼓勵他們積極建立有意義的關係網。如果他們必須加入團隊和他人一起工作，可以學會互相協助，實現共同的目標。

社會

我們應該支持整個社會發展有目標的好奇心。一個文明的社會，特色之一是善待好奇的民眾。一個野蠻的社會會懲罰他們，文明的社會則是擁抱、肯定他們。改變蘊藏著美好的種子。每當生活遇到了挑戰，我們都應視之為成長的機會。我們必須變得更好奇，更瞭解自己，提出新的問題並尋找答案，認識更多志同道合的朋友，自由地做白日夢，實現新的思想，並以身作則對他人發揮積極的影響力。哪裡存在有目標的好奇心計畫，哪裡就有希望。進步始終得仰賴好奇心。好奇心幫助我們努力精進正在做的事，設立更高的標準，實現更具挑戰的目標。執行長唐納・威爾森說，為求各方面都能進步，我們必須跟上變革的步伐，不能停滯不前。[11]社會須鼓勵、維持人民的好奇心，因為這是繼續向前看的唯一途徑。若要發揮積極影響力，好奇心計畫不僅講求成功與成效，也需要有明確的目標。

如果我們愈來愈確定好奇心的價值，卻未能滋養和保護這種超能力，其實是非常諷刺的。社會必須盡最大的努力提供支持與資源，才能在人民的成長過程中幫助他們維持好奇心。隨著年紀漸長，我們必須努力避免成為固執己見、墨守成規的人。不要因為年齡而自我設限，沒有理由因為什麼年齡似乎更適合做什麼事，而讓自己變得無趣、老成、平庸、不引人注目。就算年紀漸長，我們仍必須對一切事物及每個人都保持興趣。

社會應該響應尼采的觀點：充實的生活，需要我們接受而非逃避困難。社會必須盡一切可能，培養人民懷抱有目標的好奇心。

首先，生態探險家拉斐爾・多米揚表示，我們必須重振探索精神。同時，米其林二星餐廳的主廚和共同創辦人喬治安娜・希利亞達基（Georgianna Hiliadaki）認為，驚喜也是同樣重要的元素。[12]偉大的探險家雅各・庫斯托（Jacques Cousteau）駕駛研究船「卡里普索號」環遊世界，以獨特與鼓舞人心的方式探索海洋生命。我們應該跟他一樣，被挑起好奇心的神祕元素所驅動。

讓我們感到不舒服的事多半有助於成長。洛杉磯策略總監卡利伯・克雷默（Caleb Kramer）分享他個人的建議：如果我們想要活得長久又充實，就應該拓寬視野，把好奇心聚焦於吸引我們注意力的事物。[13] 去中心化網絡的創投專家麥克斯・默西（Max Mersch）表示，持續不斷的好奇心應驅使我們，「質問我們所看到的一切，質問為什麼這件事會發生，或是學習不要把事情看得太理所當然。」[14] 我們必須受到其他領域的啟發，所以應該積極參加跨學科的討論和論壇。或者簡單地走出去，不要再透過他人的經歷，取代自己實際體驗生活的機會。希利亞達基說，有目標的好奇心也包括整合我們所學的一切，創造意想不到的體驗與驚喜。她解釋：「在我們的餐廳，有些客人先吃了菜，我們才透露他們吃了什麼。這就是驚喜的精髓，我們創造神祕感。甚至客人看了菜名，也不理解那是什麼。在社群媒體上，我們上傳一張照片，但不描述成分，所以客人（必須）產生好奇心，自己來試試。」[15]

上述人士傳達的訊息很清楚。我們必須讓好奇心專注於某一個領域，同時像四歲的孩子一樣，一直保持旺盛的好奇心，持續地在一個主題上保持興趣，直到它無法再提供新的收穫和靈感為止。

最後一個重要的步驟，則是從**我**轉移到**我們**。透過不斷突破知識的界限，我們可以在世界上留下積極正面的影響。然而，改變世界的理想主義可能會受到質疑。好奇心並非一直受到高度的讚賞。畢竟，正是好奇心讓亞當和夏娃被逐出伊甸園。十七世紀，著名的法國數學家和哲學家布萊茲・帕斯卡（Blaise Pascal）稱好奇心「只是一種虛榮心理，我們通常之所以想知道某些事情，只是為了能在社交場合談論它」。[16]有人可能認為，有目標的好奇心旅程是一種精心策畫、放縱自我的虛榮計畫。在某個程度上，可能是如此。但每次我們成功完成一項好奇心計畫，就會創造或留下某種影響或貢獻。成功始終是重要的動機，但不是驅動這些好奇心計畫繼續前進的動力。我們的好奇心旅程可以大幅促進社會的福祉，讓我們的世界更安全、健康、幸福、進步、富有同理心。

馬岩松是一位獲獎無數的建築師，以及北京MAD建築事務所的創辦人。他的設計作品與自然融為一體，意在讓世界變得更好。他說：「我認為，為未來創造有意義、更積極的東西，更為困難。我看科幻片時，真的不喜歡非常陰暗又建築高度密集的未來城市場景。未來的設計方案應該解決我們現在面臨的問題。當前出現的一些問題，我不希望它們延續到未來。所以，未來的設計應該解決各種問題。我們為未來創造東西時，它應該充滿了愛。我們希望未來的民眾能感受到更多的關懷。」[17]

看到個人、團隊和組織努力突破極限，完成前所未見的計畫，並最大化他們對社會的回饋與貢獻，沒有什麼比這更令人振奮。看到有人為了社會福祉，而非少部分人的利益，努力完成高品質的工作，我們會受到更大的啟發。例如，極地探險就結合了科學和冒險，提供一個實驗室，讓科學家測試人類在極端環境下的行為和反應等動能。科學家利用南極探險測試太空衣，供未來的火星探測之用。好奇心之旅帶動了成長與進步，讓我們變得比自己想像的更好。我們也必須和他人分享我們從旅程中獲得的知識，協助他人達成目標，支持他們的好奇心計畫，並且把獲得的新知與團隊成員分享。懂得暫停，然後思考：「大格局是什麼？我的好奇心計畫與整個社會有何關聯？我的好奇心之旅如何幫助其他人克服挑戰或實現抱負？我如何對他人產生積極的影響？」這趟旅行不是短跑，而是馬拉松，需要長期的努力與堅持。

你還在等什麼呢？

我們常常美化突破極限或界限的人，也經常認為他們的努力超出我們這些凡人的理解。我希望藉由這本書，帶領各位讀者參觀「好奇心的加拉巴哥群島」（Curiosity Galápagos）。這裡有一群人，進行有目標的探索、突破界限、實現目標，然後又從頭開始。希望效法他們的例子，你已經學會專注，以及發揮好奇心的各種方法。有目標的好奇心，可以幫助我們大大提升學習效率，打破不良習慣，也能讓生活更快樂，與周遭環境有更密切的互動。

當你放下這本書時，我希望我分享的心得、見解、技巧和故事，能讓你升起循著目標實現好奇心計畫的渴望。我分享的一些故事，類似美國夢或好萊塢賣座熱片，但這些故事不僅僅是為了娛樂我們，更是為了鼓舞我們。好奇心計畫的主角滿懷希望，超越已知的界限，發現新的領域。但同時，他們也面臨必須克服的難關，經歷挫折，甚至可能心力交瘁。然而，令人驚訝的是，他們都能重新振作，繼續努力，直到抵達目的地。好奇心旅程關乎意志力、成就，以及深信有個美好的結局。

有目標的好奇心對人類非常重要，自古以來一直如此，而今更是有過之而無不及。為了保護人類、保護這個星球上的生命，以及造福社會（包含長短期的利益），我們需要擁抱好奇心，才能顯著地改變現狀。我們不應受制於過去，而應不斷地進化。同理，我們的好奇心旅程也應如此。

我們對於不斷變化的地球，應該懷抱有目標的好奇心，每一次有了新發現，對地球的認識與理解就會被改寫或更新。不需等待他人批准。我們只有一次人生（無法重來）。關注你的渴望，現在就放手去追求吧！若我們齊心協力，即可克服各種困難和限制，實現任何我們想要完成的任務。

附錄

訪談對象

路易・安德森－拜塞爾（Louis Alderson-Bythell） Lvboratory 負責人、皇家藝術學院生物設計講師

薩爾・阿莫洛利亞（Dr. Zar Amrolia） XTX Markets 共同執行長

阿南德・阿南德庫馬（Dr. Anand Anandkumar） Bugworks 共同創辦人與執行長

費利西蒂・阿斯頓（Felicity Aston） 極地探險家、皇家地理學會會士、探險家俱樂部會員

萊昂內爾・巴伯（Lionel Barber） 《金融時報》記者與前總編輯

彼得・貝克（Peter Beck） 火箭實驗室的創辦人兼執行長

山姆・邦帕斯（Sam Bompas） 邦帕斯&帕爾（Bompas & Parr） 共同創辦人與負責人

愛德華・寶漢・卡特（Edward Bonham Carter） 先機資產管理治理與公司責任負責人

皮特・包坦利（Pete Bottomley） 白紙遊戲共同創辦人兼遊戲設計師

萊達・布拉加（Leda Braga） Systematica Investments 執行長

佐薇・布羅奇（Zowie Broach）服飾品牌布狄卡（Boudicca）共同創辦人、皇家藝術學院服裝設計系主任

沃恩・布朗內爾（Vern Brownell）Next Step 技術顧問公司的技術與商業顧問、D-Wave 系統前執行長

馬克西米利安・布瑟（Maximilian Büsser）MB&F 創辦人與創意總監

潔西・布徹（Jess Butcher）獲頒大英帝國勳章（MBE）的實業家、天使投資顧問、平等與人權非執行委員

妮可・庫克（Nicole Cooke）獲頒大英帝國勳章的奧運金牌得主、瑞士再保險公司策略經理

馬歇爾・卡爾佩珀（Marshall Culpepper）Off-world Applications 領導人、Filecoin Foundation 共同創辦人、KubOS 前執行長

詹保羅・達拉拉（Giampaolo Dallara）達拉拉集團創辦人兼總裁

拉斐爾・多米揚（Raphaël Domjan）生態冒險家與講者（www.raphaeldomjan.com）

拉維夫・杜拉克（Raviv Drucker）記者、政治評論員、調查報導記者

約翰・佛塞特（John Fawcett）羅賓漢公司產品管理總監

海柔・佛席斯（Hazel Forsyth）倫敦博物館中世紀／中世紀後館藏品資深策展人

諾曼・福斯特爵士（Lord Norman Foster）福斯特建築事務所（Foster + Partners）創辦人與

執行董事長、諾曼福斯特基金會會長

馬丁・佛洛斯特（Martin Frost, CBE）　Monumo 董事長與共同創辦人、Peek Vision 董事長、Sorex Sensors 董事長、手術機器人公司 CMR Surgical 前執行長

查爾斯・戈登－倫諾克斯（Charles Gordon-Lennox）　第十一代里奇蒙公爵、古德伍德莊園繼承人

拉雅・哈德塞爾（Raia Hadsell）　谷歌 DeepMind 高級研究員

威廉・哈蘭（H. William Harlan）　哈蘭酒莊創辦人

奧莉亞・哈維（Auriea Harvey）　德國卡塞爾美術學院電玩教授、哈維工作室雕刻藝術家

提姆・漢尼斯（Thieme Hennis）　AstroPlant 研究員、新創公司 And the People 創始人

喬治安娜・希利亞達基（Georgianna Hiliadaki）　Funky Gourmet、Opso、Ino、Pittabun 餐廳的主廚與共同創辦人

哈肯・霍伊達爾（Håkon Høydal）　《世道報》記者

羅傑・伊伯森（Dr. Roger Ibbotson）　Zebra 資本管理董事長兼資訊長、耶魯大學管理學院教授

黛西・雅各布（Daisy Jacobs）　動畫專家、作家、導演（www.thebiggerpicturefilm.com）

麥可・傑格（Michael Jager）　「不受拘束勞動團結」（Solidarity of Unbridled Labour）創意

總監和負責人

瑪莉·卡川特蘇（Mary Katrantzou）　時裝設計師（www.marykatrantzou.com）

喬治·庫魯尼斯（George Kourounis）　冒險家、風暴追逐者、電視主持人（www.stormchaser.ca/）

卡利伯·克雷默（Caleb Kramer）　AKQA 策略總監

恬莎·李（Tencia Lee）　巡航自動化公司（Cruise Automation）機器學習主任工程師

布雷特·洛夫拉迪（Brett Lovelady）　Astro Studios（賓州顧問公司）的創辦人兼執行長

羅貝塔·盧卡（Roberta Lucca）　博薩工作室創辦人與創意總監、Hyper Curious Podcast 主持人、YouTube 頻道創作者暨主持人貝塔·盧卡（Betta Lucca）

麥克斯·默西（Max Mersch）　Fabric Ventures 共同創辦人與合夥人

羅伯·奈爾（Rob Nail）　奇點大學共同創辦人、職員、前執行長

尚恩·內斯（Sean Ness）　未來研究所商業發展主任

阿德里安·紐維（Adrian Newey）　紅牛賽車隊首席技術長

歐利·歐爾森（Olly Olsen）　辦公室集團共同創辦人與共同執行長

克勞蒂亞·帕斯凱羅（Dr. Claudia Pasquero）　ecoLogicStudio 共同創辦人與負責人、倫敦大學副教授、巴特利特建築環境學院城市實驗室負責人、因斯布魯克大學合成景觀實驗室負責

人

約納坦・拉茲・佛里德曼（Yonatan Raz-Fridman） Supersocial 共同創辦人與執行長、Kano Computing 共同創辦人兼前執行長

陳瑞絲（Chen Reiss） 女高音（www.chenreiss.com）

邁可・洛勃森（Michael Robotham） 作家（www.michaelrobotham.com）

班・桑德斯（Ben Saunders） 極地探險家、耐力運動員、主講者、氣候科技投資人（www.bensaunders.com）

雅克・舒馬赫（Dr. Jacques Schuhmacher） 維多利亞和艾伯特博物館吉爾伯特廳溯源展策展人

關山一秀（Kazuhide Sekiyama） Spiber 總監與代表執行長

席蘭・薛克特（Ceylan Shevket） One of Us 視覺特效公司主管

葛森・特南鮑姆（Gershon Tenenbaum） 佛羅里達州立大學教授

奈杰爾・圖恩（Nigel Toon） Graphcore 共同創辦人兼執行長

蓋維・塔利（Gever Tulley） 光明實作學校創辦人與共同領導人、東敲西打學校創辦人

蓋文・特克（Gavin Turk） 藝術家（www.gavinturk.com)

約翰・安德科夫勒（John Underkoffler） Treadle & Loam、Provisioners 主理人；歐布隆公司

前執行長

約蘭．范德維爾（Jólan van der Wiel）　設計師（jolanvanderwiel.com）

安傑洛．維莫倫（Dr. Angelo Vermeulen）　台夫特理工大學研究員

喬恩．威利（Jon Wiley）　Google 前產品設計負責人，目前帶薪研修中。

唐納．威爾森（Don Wilson）　DRW 創辦人與執行長

馬岩松　MAD 建築事務所創辦人兼合夥人

致謝

我要深深地感謝許多人，沒有你們，這本書不可能問世。首先，我要感謝書裡提及的所有人士，感謝他們分享自己的智慧和經驗，讓我們受益匪淺。我非常感謝他們的協助，讓我們深受啟發與鼓勵。

出版這本書真是一件非常愉快的事。我要感謝我的編輯蘿倫・馬利諾（Lauren Marino，阿歇特出版集團〔Hachette〕）和麗茲・高（Liz Gough，黃風箏出版〔Yellow Kite Books〕），感謝她們的支持和熱情。我對她們深表謝意，因為她們相信有目標的好奇心極具價值。這本書能順利完成，並確保內容一流，她們功不可沒。此外，還要感謝阿歇特和黃風箏的其他人員，他們涵蓋製作、行銷、宣傳、銷售和版權等工作。也要感謝傑克・拉姆（Jack Ramm），感謝他負責初期的編輯。感謝凱倫・凱莉（Karen Kelly），謝謝她寶貴與智慧的心血。謝謝凱倫鼎力相助，沒有她浩瀚的專業知識和技能，這本書無法這麼精彩。凱倫，能與妳一起合作是我的榮幸。

在研究和書寫這本書的過程中，許多朋友慷慨地分享了他們寶貴的時間，提供意見、幫我閱讀書稿，還幫忙聯絡其他人。我要感謝伊拉克里斯・齊斯莫普洛斯（Iraklis Zisimopoulos）、蘇菲亞・帕帕斯達帝（Sophia Papastathi）、瓦莉亞・安尼菲歐提（Valia Anyfioti）、大衛・羅曲（David Roche）、利托・皮提里斯（Lito Pitiris）、菲立普斯・卡西麥第斯（Philippos Kassimatis）、迪米特里・帕帕喬治歐（Dimitris Papageorgiou）、瑪麗安・路易斯（Marianne Lewis）、安德烈・史派斯（Andre Spicer）、凱洛琳・維爾茲（Caroline Wiertz）、魯本・凡維芬（Ruben van Werven）、艾拉・米隆－史貝克托（Ella Miron-Spektor）、史賓塞・哈里森（Spencer Harrison）、喬治・雅典納索普洛斯（George Athanasopoulos）、亞歷山大・馬克里迪斯（Alexander Macridis）與維爾娜・凱利亞（Virna Kallia）。我也很感謝克瑞莎・戈西（Chrysa Gotsi）、克里珊蒂・賓皮利（Chrysanthi Bimpiri）和艾蘭妮・卡拉伊斯古（Eleni Karaiskou），為本書提供相關的研究協助。如果我遺漏了誰，我非常抱歉。

過去八年來，我非常榮幸身為倫敦大學城市學院貝葉斯商學院的一分子。貝葉斯商學院確實提升了知識分子的好奇心。我要感謝貝葉斯的所有同事和學生。感謝他們的支持並提供一個需要大量動腦的工作環境。沒有你們的支持，我不可能研究和撰寫這本書。

非常感謝我的經紀人蘇荷經紀公司（Soho Agency）的班・克拉克（Ben Clark）。他是我的好朋友，對這本書的發展、成形與出版功不可沒；沒有他，一切窒礙難行。他閱讀我寫的稿子，並與我討論想法，我想不出有比他更好的經紀人。

最重要的是，我要感謝我的雙親，瑪麗（Mary）和阿波斯托洛斯（Apostolos）。他們一直無私地支持我實現好奇心計畫。謝謝你們以身作則，教我認真工作、鼓勵我有問題就問，並勇於創新。正是因為你們，我擁有不受束縛的探索精神。是你們的仁慈和關愛，幫助我成為今天的我。我很想念你們。

最後、但肯定同樣重要的是，我誠心感謝心愛的妻子曼托（Manto）和女兒莉迪亞（Lydia），感謝她們對我的理解、耐心和關愛。撰寫這本書極具挑戰性，如果沒有她們的支持，我絕對無法完成。曼托，謝謝妳幫我審閱本書不同版本的稿子，隨時提供協助與反饋。每次我們在一起，我都感到充滿活力。莉迪亞，謝謝妳滿懷好奇心。我把生命中遇到的所有美好都歸功於妳們。期待我們下一次的探索！

參考書目

前言

1. T. B. Kashdan and P. J. Silvia, "Curiosity and Interest: The Benefits of Thriving on Novelty and Challenge," in *The Oxford Handbook of Positive Psychology*, 2nd ed., ed. S. J. Lopez, and C. R. Snyder (Oxford, UK: Oxford University Press, 2009), 367–374; J. A. Litman, T. L. Hutchins, and R. K. Russon, "Epistemic Curiosity, Feeling-of-Knowing, and Exploratory Behaviour," *Cognition & Emotion* 19, no. 4 (2005): 559–582.
2. Jacquelyn Bulao, "How Much Data Is Created Every Day in 2021?," *Techjury*, January 4, 2022, https://techjury.net/blog/how-much-data-is-created-every-day/#gref.
3. Maryam Mohsin, "10 Google Search Statistics You Need to Know in 2021," *Oberlo*, April 2, 2020, www.oberlo.com/blog/google-search-statistics.
4. Barry Schwartz, "Google Reaffirms 15% of Searches Are New, Never Been Searched Before," *Search Engine Land*, April 25, 2017, https://searchengineland.com/google-reaffirms-15-searches-new-never-

searched-273786.

5. Georgiev Deyan, "67+ Revealing Smartphone Statistics for 2021," *Techjury*, January 4, 2022, https://techjury.net/blog/smartphone-usage-statistics/#gref.

6. Trevor Wheelwright, "2022 Cell Phone Usage: How Obsessed Are We?," Reviews.org, January 24, 2022, www.reviews.org/mobile/cell-phone-addiction.

7. 同前註。

8. John Brandon, "New Survey Says We're Spending 7 Hours per Day Consuming Online Media," *Forbes*, November 17, 2020, www.forbes.com/sites/johnbbrandon/2020/11/17/new-survey-says-were-spending-7-hours-per-day-consuming-online-media/?sh=408eed776b46.

9. Statista Research Department, "Daily Time Spent on Social Networking by Internet Users Worldwide from 2012 to 2020," Statista, September 7, 2021, www.statista.com/statistics/433871/daily-social-media-usage-worldwide.

10. K. Kobayashi and M. Hsu, "Common Neural Code for Reward and Information Value," *PNAS* 116, no. 26 (2019): 13061–13066.

11. J. Litman, "Curiosity as a Feeling of Interest and Feeling of Deprivation: The I/D Model of Curiosity," in *Issues in the Psychology of Motivation*, ed. P. Zelick (New York: Nova Science Publishers, 2007).

12. T. Kashdan and M. Steger, "Curiosity and Pathways to Well-Being and Meaning in Life: Traits, States, and Everyday Behaviors," *Motivation and Emotion* 31, no. 3 (2007): 159–173; T. Kashdan, P. Rose, and F.

Fincham, "Curiosity and Exploration: Facilitating Positive Subjective Experiences and Personal Growth Opportunities," *Journal of Personality Assessment* 82, no. 3 (2004): 291–305; T. Kashdan and J. Roberts, "Trait and State Curiosity in the Genesis of Intimacy: Differentiation from Related Constructs," *Journal of Social and Clinical Psychology* 23, no. 6 (2004): 792–816; G. E. Swan and D. Carmelli, "Curiosity and Mortality in Aging Adults: A 5-Year Follow-Up of the Western Collaborative Group Study," *Psychology and Aging* 11, no. 3 (1996): 449–453.

第 1 章　發掘癢點：巴不得想知道什麼

1. Mike Wall, "Rocket Lab Will Launch 30 Satellites and Attempt a Booster Recovery Today: Watch Live," *Space.com*, November 19, 2020, www.space.com/rocket-lab-launch-booster-recovery-return-to-sender-webcast.
2. "Rocket Lab USA Poised to Change the Space Industry," Rocket Lab, www.rocketlabusa.com/about-us/updates/rocket-lab-usa-poised-to-change-the-space-industry, accessed January 21, 2022; Meghan Bartels, "Rocket Lab Just Unveiled Plans for a Big New Rocket Called Neutron That Could Fly Astronauts," *Space.com*, March 1, 2021, www.space.com/rocket-lab-unveils-neutron-rocket-company-going-public.
3. Jackie Wattles, "NASA Says Moon Rocket Could Cost as Much as $1.6 Billion per Launch," *CNN Business*, December 9, 2019, https://edition.cnn.com/2019/12/09/tech/nasa-sls-price-cost-artemis-moon-rocket-scn/index.html; Jamie Smith, "Private Group in 'World First' Cheap Rocket Launch,"

Financial Times, January 21, 2018, www.ft.com/content/41572f8a-fe4d-11e7-9650-9c0ad2d7c5b5.

4. Wikipedia, s.v., “Rocket Lab Electron,” updated March 21, 2022, https://en.wikipedia.org/wiki/Rocket_Lab_Electron.
5. Mike Wall, “Rocket Lab on Road to Reusability After Successful Booster Recovery,” *Space.com*, November 24, 2020, www.space.com/rocket-lab-booster-recovery-success-for-reusability; Devin Coldewey, “Rocket Lab Makes Its First Booster Recovery After Successful Launch,” *TechCrunch*, November 20, 2020, https://techcrunch.com/2020/11/19/rocket-lab-makes-its-first-booster-recovery-after-successful-launch.
6. “How to Bring a Rocket Back from Space,” Rocket Lab, accessed January 21, 2022, www.rocketlabusa.com/updates/how-to-bring-a-rocket-back-from-space.
7. Peter Beck, interview with author, February 27, 2018.
8. 同前註。
9. Ashley Vance, “At 18, He Strapped a Rocket Engine to His Bike. Now He’s Taking on Space X,” *Bloomberg Businessweek*, June 29, 2017, www.bloomberg.com/news/features/2017-06-29/at-18-he-strapped-a-rocket-engine-to-his-bike-now-he-s-taking-on-spacex.
10. Bloomberg Quicktake: Originals, “Rocket Lab Is Giving SpaceX a Run for Its Money,” video, YouTube, July 19, 2018, www.youtube.com/watch?v=DVdwtmFYyms&feature=emb_logo.
11. Jamie Smyth, “Private Group in ‘World’s First’ Cheap Rocket Launch,” *Financial Times*, January 21,

2018, www.ft.com/content/41572f8a-fe4d-11e7-9650-9c0ad2d7c5b5; Oliver Hitchens, "3D-Printed Rocket Engines: The Technology Driving the Private Sector Space Race," *Space.com*, September 28, 2021, www.space.com/3d-printed-rocket-engines-private-space-technology.
12. 同前註。
13. Devin Coldewey, "Rocket Lab Makes Its First Booster Recovery After Successful Launch," *TechCrunch*, November 20, 2020, https://techcrunch.com/2020/11/19/rocket-lab-makes-its-first-booster-recovery-after-successful-launch.
14. National Aeronautics and Space Administration, "Mach 2 and Beyond," NASA, updated October 13, 2020, www.nasa.gov/centers/armstrong/images/mach2/index.html.
15. Devin Coldewey, "'Complete Success': Rocket Lab's Booster Recovery Is a Big Step Toward Reusability," *TechCrunch*, November 24, 2020, https://techcrunch.com/2020/11/24/complete-success-rocket-labs-booster-recovery-is-a-big-step-towards-reusability.
16. Wall, "Rocket Lab on Road to Reusability."
17. 同前註。
18. Daniel Willingham, "Why Aren't We Curious About the Things We Want to Be Curious About?," *New York Times*, October 18, 2019, www.nytimes.com/2019/10/18/opinion/sunday/curiosity-brain.html.
19. Gillian Brockell, "During a Pandemic, Isaac Newton Had to Work from Home, Too. He Used the

Time Wisely," *Washington Post*, March 12, 2020, www.washingtonpost.com/history/2020/03/12/during-pandemic-isaac-newton-had-work-home-too-he-used-time-wisely.

20. Thomas Levenson, "The Truth About Isaac Newton's Productive Plague," *New Yorker*, April 6, 2020, www.newyorker.com/culture/cultural-comment/the-truth-about-isaac-newtons-productive-plague.
21. Jólan van der Wiel, interview with author, February 15, 2018.
22. T. Wilson, D. Reinhard, E. Westgate, D. Gilbert, N. Ellerbeck, C. Hahn, C. Brown, and A. Shaked, "Just Think: The Challenges of the Disengaged Mind," *Science* 345, no. 6192 (2014): 75–77.
23. Auriea Harvey, interview with author, October 2, 2018.
24. Wilson et al., "Just Think."
25. Mitch Waldrop, "Inside Einstein's Love Affair with 'Lina'—His Cherished Violin," *National Geographic*, February 3, 2017, www.nationalgeographic.com/news/2017/02/einstein-genius-violin-music-physics-science.
26. Rob Dunn, "Painting with Penicillin: Alexander Fleming's Germ Art," *Smithsonian Magazine*, July 11, 2010, www.smithsonianmag.com/science-nature/painting-with-penicillin-alexander-flemings-germ-art-1761496.
27. Angelo Vermeulen, interview with author, June 18, 2018.
28. Jon Wiley, interview with author, June 11, 2018.
29. 同前註。

30. Sean Ness, interview with author, September 19, 2018.
31. 同前註。
32. Mary Katrantzou, interview with author, June 26, 2020.
33. Michael Jager, "Saving Curiosity," TEDxMiddlebury, November 2017, www.ted.com/talks/michael_jager_saving_curiosity.
34. Michael Jager, interview with author, September 25, 2020.
35. 同前註。
36. Jess Butcher, interview with author, September 5, 2018.
37. Marshall Culpepper, interview with author, April 2, 2018.
38. Roberta Lucca, interview with author, November 30, 2018.
39. 同前註。
40. Daisy Jacobs, interview with author, April 1, 2020.
41. 同前註。
42. 同前註。
43. E. O'Brien, "Enjoy It Again: Repeat Experiences Are Less Repetitive Than People Think," *Journal of Personality and Social Psychology* 116, no. 4 (2019): 519–540.
44. George Kourounis, interview with author, November 23, 2017.
45. George Kourounis, "Q&A: The First-Ever Expedition to Turkmenistan's 'Door to Hell,' " *National*

Geographic, July 17, 2014, www.nationalgeographic.com/adventure/article/140716-door-to-hell-darvaza-crater-george-kourounis-expedition.

46. 同前註。
47. Kourounis, interview with author.
48. Wikipedia, s.v. "Quantopian," updated March 27, 2022, https://en.wikipedia.org/wiki/Quantopian.
49. John Fawcett, interview with author, April 11, 2018.
50. 同前註。
51. P. Silvia, "What Is Interesting? Exploring the Appraisal Structure," *Emotion* 5, no. 1 (2005): 89–102.
52. Norman Foster, interview with author, April 26, 2018.
53. 同前註。
54. "Odisha Liveable Habitat Mission Won Bronze at World Habitat Awards," Norman Foster Foundation, December 10, 2019, www.normanfosterfoundation.org/odisha-liveable-habitat-mission-won-bronze-at-world-habitat-awards; "Odisha Liveable Habitat Mission," World Habitat Awards, 2019, https://world-habitat.org/world-habitat-awards/winners-and-finalists/odisha-liveable-habitat-mission.
55. Raia Hadsell, interview with author, June 7, 2016.
56. 同前註。
57. Raphaël Domjan, interview with author, January 9, 2018.
58. Auriea Harvey, interview with author, October 2, 2018.

59. Kaggle, "2018 Data Science Bowl," accessed January 22, 2022, www.kaggle.com/c/data-science-bowl-2018/overview/about.
60. Cat Zakrzweski, "Hedge Fund Analysts Use Deep Learning to Diagnose Heart's Condition," *Wall Street Journal*, March 30, 2016, www.wsj.com/articles/BL-VCDB-18824.
61. Kaggle, "2018 Data Science Bowl."
62. Tencia Lee, interview with author, September 7, 2016.
63. Martin Frost, interview with author, January 4, 2019.
64. 同前註。
65. Vern Brownell, interview with author, June 13, 2018.
66. Silvia, "What Is Interesting?"
67. 同前註。
68. Tencia Lee, interview with author, September 7, 2016.
69. Angelo Vermeulen, interview with author, June 18, 2018.

第2章　深入稀奇古怪的無底洞：好奇心強的人有哪些習慣

1. Alice George, "Thank This World War II–Era Film Star for Your Wi-Fi," *Smithsonian Magazine*, April 4, 2019, www.smithsonianmag.com/smithsonian-institution/thank-world-war-ii-era-film-star-your-wi-fi-180971584.

2. Colleen Cheslak, "Hedy Lamarr (1914–2000)," National Women's History Museum, 2018, www.womenshistory.org/education-resources/biographies/hedy-lamarr.
3. Joyce Bedi, "A Movie Star, Some Player Pianos, and Torpedoes," Lemelson Center for the Study of Invention and Innovation, Smithsonian National Museum of American History, November 12, 2015, https://invention.si.edu/movie-star-some-player-pianos-and-torpedoes.
4. George, "World War II–Era Film Star."
5. Gilbert King, "Team Hollywood's Secret Weapons System," *Smithsonian Magazine*, May 23, 2012, www.smithsonianmag.com/history/team-hollywoods-secret-weapons-system-103619955.
6. David Brancaccio and Paulina Velasco, "The Story of Hedy Lamarr, the Hollywood Beauty Whose Invention Helped Enable Wi-Fi, GPS and Bluetooth," *Marketplace*, November 21, 2017, www.marketplace.org/2017/11/21/inventor-changed-our-world-and-also-happened-be-famous-hollywood-star.
7. Don Wilson, interview with author, June 15, 2017.
8. 同前註。
9. Anand Anandkumar, interview with author, March 27, 2019.
10. 同前註。
11. 同前註。
12. E. T. Higgins, A. W. Kruglanski, and A. Pierro, "Regulatory Mode: Locomotion and Assessment as Distinct Orientations," in *Advances in Experimental Social Psychology*, vol. 35, ed. M. P. Zanna (New York:

Academic Press, 2003), 293–344.

13. Brett Lovelady, interview with author, September 10, 2020.
14. 同前註。
15. Wikipedia, s.v. "Gavin Turk," updated March 28, 2022, https://en.wikipedia.org/wiki/Gavin_Turk.
16. 同前註。
17. "Biography," GavinTurk.com, accessed March 31, 2022, http://gavinturk.com/biography.
18. Gavin Turk, interview with author, May 1, 2020.
19. 同前註。
20. "About," FelicityAston.co.uk, accessed March 31, 2020, www.felicityaston.co.uk/about.
21. Felicity Aston, interview with author, April 12, 2019.
22. H. Klein, R. Lount Jr., H. M. Park, and B. J. Linford, "When Goals Are Known: The Effects of Audience Relative Status on Goal Commitment and Performance," *Journal of Applied Psychology* 105, no. 4 (2020): 372–389.
23. Andy Bull, "Ben Saunders: Explorer, Adventurer, Speck of Red Heat," *Guardian*, March 13, 2008, www.theguardian.com/sport/2008/mar/13/andybull.
24. Ben Saunders, interview with author, April 12, 2017.
25. Gever Tulley, interview with author, February 6, 2019.
26. 同前註。

27. Cliff Jones, "Why Low-Tech and Outdoor Play Is Trending in Education," *Financial Times*, June 22, 2018, www.ft.com/content/7ad7d6ec-5393-11e8-84f4-43d65af59d43.
28. Maximilian Busser, interview with author, September 17, 2020.
29. 同前註。
30. 同前註。
31. Marshall Culpepper, interview with author, April 2, 2018.

第3章　用好奇心征服恐懼

1. Britannica, s.v. "Antarctica, Continent," updated March 12, 2022, www.britannica.com/place/Antarctica.
2. "Kaspersky ONE Trans-Antarctic Expedition," FelicityAston.co.uk accessed March 31, 2022, www.felicityaston.co.uk/kaspersky-one.
3. Felicity Aston, interview with author, April 12, 2019.
4. 同前註。
5. 同前註。
6. "About British Antarctic Survey," British Antarctic Survey, Natural Environment Research Council, accessed March 31, 2022, www.bas.ac.uk/about/about-bas.
7. Julia Savacool, "Felicity Aston Conquers Fears, Antarctica," *ESPN*, March 20, 2012, www.espn.

com/espnw/journeys-victories/story/_/id/7710393/british-adventurer-felicity-aston-conquers-fears-antarctica.

8. Aston, interview with author.
9. 同前註。
10. 同前註。
11. Savacool, "Felicity Aston Conquers Fears."
12. 同前註。
13. Aston, interview with author.
14. Robert Booth, "Briton Felicity Aston Becomes First to Manually Ski Solo Across Antarctica," *Guardian*, January 23, 2012, www.theguardian.com/world/2012/jan/23/felicity-aston-ski-solo-antarctica.
15. Aston, interview with author.
16. "About," FelicityAston.co.uk, accessed March 31, 2022, www.felicityaston.co.uk/about.
17. Louis Cozolino, "Nine Things Educators Need to Know About the Brain," *Greater Good Magazine*, March 19, 2013, https://greatergood.berkeley.edu/article/item/nine_things_educators_need_to_know_about_the_brain.
18. George Kourounis, interview with author, November 23, 2017.
19. Z. Bauman, *Liquid Fear* (Cambridge, MA: Polity Press, 2006), 2.
20. Wesley Grover, "How to Overcome Isolation and Self-Doubt, According to Polar Explorer Felicity

Aston," *Men's Journal*, accessed January 20, 2022, www.mensjournal.com/adventure/how-to-overcome-self-doubt-and-loneliness-in-isolation.

21. P. R. Clance and S. Imes, "The Imposter Phenomenon in High Achieving Women: Dynamics and Therapeutic Intervention," *Psychotherapy Theory, Research and Practice* 15, no. 3 (1978): 241–247; Ellen Hendriksen, "What Is Impostor Syndrome?," *Scientific American*, May 27, 2015, www.scientificamerican.com/article/what-is-impostor-syndrome.
22. Rose Leadem, "12 Leaders, Entrepreneurs and Celebrities Who Have Struggled with Imposter Syndrome," *Entrepreneur*, November 8, 2017, www.entrepreneur.com/slideshow/304273#2.
23. Kourounis, interview with author.
24. Daisy Jacobs, interview with author, April 1, 2020.
25. 同前註。
26. Emily Ford, "Daisy Jacobs Missed Out on an Oscar for Her Short Film *The Bigger Picture*," *Southern Daily Echo*, February 23, 2015, www.dailyecho.co.uk/news/11810714.daisy-jacobs-missed-out-on-an-oscar-for-her-short-film-the-bigger-picture.
27. Jacobs, interview with author.
28. 同前註。
29. TED Blog Video, "Two Monkeys Were Paid Unequally: Excerpt from Frans de Waal's TED Talk," video, YouTube, April 4, 2013, www.youtube.com/watch?v=meiU6TxysCg.

30. For the curiosity scale, see T. B. Kashdan, M. G. Gallagher, P. J. Silvia, B. Winterstein, W. E. Breen, D. Terhar, and M. F. Steger, "The Curiosity and Exploration Inventory, II: Development, Factor Structure, and Psychometrics," *Journal of Research in Personality* 43, no. 6 (2009): 987–998. For the Kawamoto et al. study, see T. Kawamoto, M. Ura, and K. Hiraki, "Curious People Are Less Affected by Social Rejection," *Personality and Individual Differences* 105 (2017): 264–267.

31. Maximilian Busser, interview with author, September 17, 2020.

32. G. T. Fairhurst and R. A. Starr, *The Art of Framing: Managing the Language of Leadership* (San Francisco: Jossey-Bass, 1996).

33. John Fawcett, interview with author, April 11, 2018.

34. "Meet Michael," Michael Robotham.com, accessed January 20, 2022, www.michaelrobotham.com/Index.asp?pagename=Meet+Michael&site=1&siteid=9494.

35. Ayo Onatade, "Michael Robotham Interview," *Shots, Crime & Thriller Ezine*, accessed January 20, 2022, www.shotsmag.co.uk/interview_view.aspx?interview_id=158.

36. "Frequently Asked Questions," Michael Robotham.com, accessed January 20, 2022, www.michaelrobotham.com/index.asp?pagename=FAQ&site=1&siteid=9494.

37. Wikipedia, s.v. "Michael Robotham," updated February 4, 2022, https://en.wikipedia.org/wiki/Michael_Robotham.

38. Michael Robotham, interview with author, September 16, 2020.

39. 同前註。
40. This discussion of Lucca and the various companies she founded come from Roberta Lucca, interview with author, November 30, 2018.
41. Wikipedia, s.v. “Multipotentiality,” updated March 17, 2022, https://en.wikipedia.org/wiki/Multipotentiality; Emilie Wapnick, “Why Some of Us Don’t Have One True Calling,” video, TEDxBend, April 2015, www.ted.com/talks/emilie_wapnick_why_some_of_us_don_t_have_one_true_calling/up-next?language=en.
42. J. Morrens, C. Aydin, A. Janse van Rensburg, J. Esquivelzeta Rabell, and S. Haesler, “Cue-Evoked Dopamine Promotes Conditioned Responding During Learning,” *Neuron* 106, no. 1 (2020): 142–153.
43. Roberta Lucca, interview with author, November 30, 2018.
44. Daemon Fairless, Mark Gollom, and Chris Oke, “Hunting Warhead,” *CBC News*, December 18, 2019, https://newsinteractives.cbc.ca/longform/hunting-warhead-child-porn-investigation.
45. Håkon Høydal, interview with author, June 11, 2016.
46. Fiona Sturges, “Hunting Warhead: A New Podcast Series That Shines a Light on the ‘Dark Web,’” *Financial Times*, November 10, 2019, www.ft.com/content/a113b246-0214-11ea-a530-16c6c29e70ca.
47. Høydal, interview with author.
48. 同前註。
49. Håkon Høydal and Christina Quist, “This Map Shows 95,000 Downloaders of Child Abuse Pictures

Worldwide," *VG*, December 17, 2015, www.vg.no/nyheter/innenriks/i/PM9V0/this-map-shows-95000-downloaders-of-child-abuse-pictures-worldwide.

50. Fairless, Gollom, and Oke, "Hunting Warhead."
51. Høydal, interview with author.
52. Hans Guyt, "This Statement to the Human Rights Council in Geneva by Norwegian Journalist Håkon Høydal Makes for Fascinating Reading," LinkedIn, March 9, 2016, www.linkedin.com/pulse/statement-human-rights-council-geneva-investigative-norwegian-guyt.
53. Wikipedia, s.v. "Nicole Cooke," updated March 10, 2022, https://en.wikipedia.org/wiki/Nicole_Cooke.
54. Nicole Cooke, interview with author, March 11, 2014.
55. 同前註。
56. 同前註。
57. Wikipedia, s.v. "Nicole Cooke."
58. 同前註。
59. 同前註。
60. John Underkoffler, "Pointing to the Future of UI," TED2010, February 2010, www.ted.com/talks/john_underkoffler_pointing_to_the_future_of_ui/transcript; Darren Clarke, "MIT Grad Directs Spielberg in the Science of Moviemaking," *MIT News*, July 17, 2002, https://news.mit.edu/2002/

underkoffler-0717.

61. Tom Ward, "The Mind Behind Minority Report Is Giving Power-Point a Sci-Fi Overhaul," *Wired*, March 12, 2019, www.wired.co.uk/article/oblong-minority-report-john-underkoffler.

62. 同前註。

63. John Underkoffler, interview with author, March 7, 2019.

第4章　成為專家——而且宜快不宜慢

1. Marshall Culpepper, interview with author, April 2, 2018.

2. Marshall Culpepper, "Kubos Raises $375K for Open Source Satellite Platform," *Medium*, March 11, 2016, https://medium.com/kubos-tech/kubos-raises-375k-seed-round-for-open-source-satellite-platform-58b3b5257a06.

3. Culpepper, interview with author.

4. Vern Brownell, interview with au thor, June 13, 2018.

5. 同前註。

6. "About Us," Office Group, accessed February 4, 2022, www.theofficegroup.com/uk/about-us.

7. Olly Olsen, interview with author, May 15, 2017.

8. Hazel Forsyth, interview with author, May 12, 2017.

9. Wikipedia, s.v. "ArXiv," updated February 16, 2022, https://en.wikipedia.org/wiki/ArXiv.

10. "About the Concealed Histories Display," Victoria and Albert Museum, accessed February 8, 2022, www.vam.ac.uk/articles/about-the-concealed-histories-display#slideshow=6872&slide=0.
11. Jacques Schuhmacher, interview with author, March 13, 2020.
12. Vern Brownell, interview with author, June 13, 2018.
13. Lionel Barber, interview with author, January 17, 2019.
14. 同前註。
15. Jólan van der Wiel, interview with author, February 15, 2018.
16. Gavin Turk, interview with author, May 1, 2020.
17. 同前註。
18. Underkoffler, interview with author.
19. Martin Frost, interview with author, January 4, 2019.
20. Roman Krznaric, "Six Habits of Highly Empathic People," *Greater Good Magazine*, November 27, 2012, https://greatergood.berkeley.edu/article/item/six_habits_of_highly_empathic_people1.
21. E. Boothby, G. Cooney, G. Sandstrom, and M. Clark, "The Liking Gap in Conversations: Do People Like Us More Than We Think?," *Psychological Science* 29, no. 11 (2018): 1742–1756.
22. G. Sandstrom and E. Dunn, "Social Interactions and Well-Being: The Surprising Power of Weak Ties," *Personality and Social Psychology Bulletin* 40, no. 7 (2014): 910–922.
23. Ben Saunders, interview with author, April 12, 2017.

24. 同前註。
25. T. Kashdan, P. McKnight, F. Fincham, and P. Rose, "When Curiosity Breeds Intimacy: Taking Advantage of Intimacy Opportunities and Transforming Boring Conversations," *Journal of Personality* 79, no. 6 (2011): 1369–1402.
26. Nigel Toon, interview with author, January 9, 2018.
27. T. Kashdan and J. Roberts, "Trait and State Curiosity in the Genesis of Intimacy: Differentiation from Related Constructs," *Journal of Social and Clinical Psychology* 23, no. 6 (2005): 792–816.
28. Zowie Broach, interview with author, January 26, 2019.
29. Sam Bompas, interview with author, June 12, 2017.
30. Jon Wiley, interview with author, June 11, 2018.
31. 同前註。
32. 生物設計挑戰賽（www.biodesignchallenge.org）是一項全球教育計畫與國際學生競賽，它將高中生和大學生與藝術家，科學家和設計師配對，聯手探索生物技術的未來。
33. Louis Alderson-Bythell, interview with author, March 7, 2019.
34. "What's Behind the Decline in Bees and Other Pollinators?" European Parliament, updated June 9, 2021, www.europarl.europa.eu/news/en/headlines/society/20191129STO67758/whats-behind-the-decline-in-bees-and-other-pollinators-infographic.
35. 同前註。

36. SVG Ventures, "Why We Invested: Olombria," *Thrive*, May 8, 2019.

37. Alderson-Bythell, interview with author.

38. 同前註。

39. Forsyth, interview with author.

40. 同前註：Hazel Forsyth, *The Cheapside Hoard: London's Lost Jewels* (London: Philip Wilson Publishers, 2013).

41. Forsyth, interview with author.

42. Helen Forsyth, *Butcher, Baker, Candlestick Maker: Surviving the Great Fire of London* (London and New York: I.B. Tauris & Co, 2016).

43. Forsyth, interview with author.

44. Jacques Schuhmacher, interview with author, March 13, 2020.

45. Joseph Henrich, *The Secret of Our Success: How Culture Is Driving Human Evolution, Domesticating Our Species, and Making Us Smarter* (Princeton, NJ: Princeton University Press, 2015).

46. George Kourounis, interview with author, November 23, 2017.

47. Lionel Barber, interview with author, January 17, 2019.

48. Nigel Toon, interview with author, January 9, 2018.

49. Ben Saunders, interview with author, April 12, 2017.

50. Michael Robotham, interview with author, September 16, 2020.

51. 同前註。
52. Vern Brownell, interview with author, June 13, 2018.

第5章 請問誰願意跟我一起合作？

1. Thieme Hennis, interview with author, June 22, 2018.
2. "Border Sessions," Facebook, accessed February 2, 2022, www.facebook.com/CB.BorderSessions.
3. Hennis, interview with author.
4. "How It Began," European Space Agency, accessed February 7, 2022, www.esa.int/Enabling_Support/Space_Engineering_Technology/How_it_began.
5. Hennis, interview with author.
6. "Grow Plants in Space," AstroPlant, accessed February 2, 2022, https://astroplant.io.
7. Hennis, interview with author.
8. "Grow Plants in Space."
9. "Introduction to AstroPlant," AstroPlant, accessed February 2, 2022, https://docs.astroplant.io/getting-started/introduction-to-astroplant.
10. Hennis, interview with author.
11. 同前註。
12. Håkon Høydal, interview with author, June 11, 2018.

13. Yonatan Raz-Fridman, interview with author, June 14, 2016.
14. Roberta Lucca, interview with author, November 30, 2018.
15. Ben Saunders, interview with author, April 12, 2017.
16. 同前註。
17. Todd Kashdan, "Companies Value Curiosity but Stifle It Anyway," *Harvard Business Review*, October 21, 2015, https://hbr.org/2015/10/companies-value-curiosity-but-stifle-it-anyway.
18. 同前註。
19. I. L. Janis, *Victims of Groupthink: A Psychological Study of Foreign-Policy Decisions and Fiascoes* (New York: Houghton Mifflin, 1972).
20. "About Us," MaryKatrantzou.com, accessed February 2, 2022, www.marykatrantzou.com/about.
21. 同前註。
22. Mary Katrantzou, interview with author, June 26, 2020.
23. 同前註。
24. Alexus Graham, "SCAD FASH's Latest Exhibition Showcases Mary Katrantzou's Lush Fashions," *Atlantan*, August 9, 2019, https://atlantanmagazine.com/scad-fash-exhibit-mary-katrantzou.
25. Katrantzou, interview with author.
26. Sam Bompas, interview with author, June 12, 2017.
27. Jon Wiley, interview with author, June 11, 2018.

28. 同前註。
29. Ceylan Shevket, interview with author, June 7, 2017.
30. Pete Bottomley, interview with author, February 13, 2019.
31. 同前註。
32. Bompas, interview with author.
33. A. Aron, C. Norman, E. N. Aron, C. McKenna, and R. E. Heyman, "Couples' Shared Participation in Novel and Arousing Activities and Experienced Relationship Quality," *Journal of Personality and Social Psychology* 78, no. 2 (2000): 273–284.
34. Giampaolo Dallara, interview with author, March 19, 2019.
35. 同前註：Wikipedia, s.v. "Gian Paolo Dallara," updated March 9, 2022, https://en.wikipedia.org/wiki/Gian_Paolo_Dallara.
36. Dallara, interview with author.
37. 同前註。
38. "Edmund Hillary and Tenzing Norgay Reach Everest Summit," *History*, accessed February 8, 2022, www.history.com/this-day-in-history/hillary-and-tenzing-reach-everest-summit.
39. Mick Conefrey, *Everest 1953: The Epic Story of the First Ascent* (London: Oneworld Publications, 2013).
40. 同前註。

第6章　做好準備

1. Ben Saunders, "Polar and Arctic Environments," *Royal Geographic Society Explore* 2016, November 19, 2016.
2. For the Shackleton expedition, see Patricia Brennan, "Shackleton's Successful Failure," *Washington Post*, March 24, 2002, www.washingtonpost.com/archive/lifestyle/tv/2002/03/24/shackletons-successful-failure/4c72b4b9-da9f-4bc4-93cc-ed4626d79509. For the Scott expedition, see "What Went Wrong for Captain Scott and His Team to Die on the Way Back from the South Pole?," Cool Antarctica, accessed February 8, 2022, www.coolantarctica.com/Antarctica%20fact%20file/History/Robert-Falcon-Scott-death-reasons.php.
3. Saunders, "Polar and Arctic Environments."
4. 同前註。
5. Ben Saunders, interview with author, April 12, 2017.
6. 同前註。
7. "Adventure Stats Polar Rules and Definitions," Explorersweb, accessed February 3, 2022, https://explorersweb.com/stats/news.php?id=20374.
8. Alicia Clegg, "Polar Explorer Ben Saunders Embraces His Failures," *Financial Times*, April 27, 2018, www.ft.com/content/8dd4c332-42f3-11e8-97ce-ea0c2bf34a0b.
9. Saunders, interview with author.

10. 同前註。
11. Saunders, "Polar and Arctic Environments."
12. Saunders, interview with author.
13. R. Buehler, D. Griffin, and M. Ross, "Exploring the 'Planning Fallacy':Why People Underestimate Their Task Completion Times," *Journal of Personality and Social Psychology* 67, no. 3 (1994): 366–381.
14. Daniel Shea, "Raphael Domjan," OnboardOnline, February 12, 2013, www.onboardonline.com/superyacht-news/interviews/raphael-domjan.
15. Deborah Netburn, "Solar-Powered Catamaran Goes Around the World in 584 Days," *Los Angeles Times*, May 4, 2012, www.latimes.com/business/la-xpm-2012-may-04-la-fi-tn-solar-powered-catamaran-goes-around-the-world-in-584-days-20120504-story.html.
16. Henry Fountain, "Solar Boat Harnessed for Research," *New York Times*, June 24, 2013, www.nytimes.com/2013/06/25/science/solar-boat-harnessed-for-research.html.
17. Felicity Aston, interview with author, April 12, 2019.
18. Gary Klein, "Performing a Project Premortem," *Harvard Business Review* 85, no. 9 (2007): 18–19.
19. 同前註。
20. Aston, interview with author.
21. Thieme Hennis, interview with author, June 22, 2018.
22. Peter Beck, interview with author, February 27, 2018.

23. Ceylan Shevket, interview with author, June 7, 2017.
24. Claudia Pasquero, interview with author, June 22, 2018.
25. 同前註。
26. Raia Hadsell, interview with author, June 7, 2016.
27. Anna Marks, "This Pollution-Busting Window Cleans the Air with Photosynthesis," *Wired*, April 30, 2019, www.wired.co.uk/article/cities-air-pollution-clean-photosynthesis.
28. Nicole Cooke, interview with author, March 11, 2014.
29. Chen Reiss, interview with author, December 27, 2017.
30. Saunders, interview with author.
31. Aston, interview with author.
32. Reiss, interview with author.

第7章　一頭栽進未知領域

1. Sean O'Grady, "Earl of March: A Glorious Example of the Landed Classes," *Independent* (London), July 30, 2009, www.independent.co.uk/news/people/profiles/earl-of-march-a-glorious-example-of-the-landed-classes-1764664.html.
2. Richard Bellis, "Here's Some of the Famous Alumni of Eton College," *Northern Echo* (UK), July 21, 2021, www.thenorthernecho.co.uk/news/19455798.famous-alumni-eton-college.

3. Katie Law, "Charles March on Being Both a Duke and a Celebrated Photographer," *Evening Standard* (London), October 12, 2017, www.standard.co.uk/culture/charles-march-on-being-both-a-duke-and-a-celebrated-photographer-a3656841.html.
4. 同前註：Kat Herriman, "Lord Charles March Goes into the Woods, *W Magazine*, January 22, 2015, www.wmagazine.com/story/lord-charles-march-photography.
5. "Our History," Goodwood, accessed February 7, 2022, www.goodwood.com/estate/our-history.
6. Charles Gordon-Lennox, interview with author, April 27, 2018.
7. 同前註。
8. "Freddie March–Driving Ambition," Goodwood, accessed February 7, 2022, www.goodwood.com/estate/our-history.
9. 同前註。
10. 同前註。"Remembering 'Mr Goodwood': Sir Stirling Moss," Goodwood, accessed February 8, 2022, www.goodwood.com/grr/race/historic/2020/4/remembering-mr-goodwood-sir-stirling-moss.
11. Charles Gordon-Lennox, interview with author, April 27, 2018.
12. 同前註。
13. Raphael Domjan, interview with author, January 9, 2018.
14. For statistics on incomplete dissertations, see Lea Winerman, "Ten Years to a Doctorate? Not Anymore," *American Psychological Association*, March 2008, www.apa.org/gradpsych/2008/03/cover-

doctorate. For the range of reasons, see Lise Dyckman, "Fear of Failure and Fear of Finishing: A Case Study on the Emotional Aspects of Dissertation Proposal Research, with Thoughts on Library Instruction and Graduate Student Retention," Association of College and Research Libraries Twelfth National Conference, Minneapolis, April 7–10, 2005, www.ala.org/acrl/sites/ala.org.acrl/files/content/conferences/pdf/dyckman05.pdf.

15. George Kourounis, interview with author, November 23, 2017.
16. Nigel Toon, interview with author, January 9, 2018.
17. Raviv Drucker, interview with author, September 3, 2018.
18. Martin Frost, interview with author, January 4, 2019.
19. Zowie Broach, interview with author, January 26, 2019.
20. Joao Medeiros, "The Science Behind Chris Froome and Team Sky's Tour de France Preparations," *Wired*, June 30, 2016, www.wired.co.uk/article/tour-de-france-science-behind-team-sky.
21. Ben Saunders, interview with author, April 12, 2017.
22. Daisy Jacobs, interview with author, April 1, 2020.
23. Don Wilson, interview with author, June 15, 2017.
24. 同前註。
25. Zowie Broach, interview with author, January 26, 2019.
26. Lionel Barber, interview with author, January 17, 2019.

27. Felicity Aston, interview with author, April 12, 2019.
28. Håkon Høydal, interview with author, June 11, 2018.
29. 同前註。
30. 同前註。
31. Vern Brownell, interview with author, June 13, 2018.
32. Charles Gordon-Lennox, interview with author, April 27, 2018.
33. Brownell, interview with author.
34. Jon Wiley, interview with author, June 11, 2018.
35. Kourounis, interview with author.
36. Zar Amrolia, interview with author, May 4, 2018.
37. 同前註。
38. Barber, interview with author.

第 8 章　培養面對逆境的韌性

1. Hazel Forsyth, interview with author, May 12, 2017.
2. "The Great Fire of London," Monument, accessed January 26, 2022, www.themonument.org.uk/great-fire-london-faqs.
3. Forsyth, interview with author.

4. 同前註。

5. 同前註。

6. 同前註。

7. Helen Forsyth, *Butcher, Baker, Candlestick Maker: Surviving the Great Fire of London* (London and New York: I.B. Tauris & Co, 2016).

8. Bari Walsh, "The Science of Resilience: Why Some Children Can Thrive Despite Adversity," *Usable Knowledge* (Harvard Graduate School of Education), March 23, 2015, www.gse.harvard.edu/news/uk/15/03/science-resilience.

9. Kazuhide Sekiyama, "Proteins for Peace: A Chance Discovery in Advanced Biosciences Research," *Keio Times* (Keio University), October 29, 2021, www.keio.ac.jp/en/keio-times/features/2021/9.

10. Kazuhide Sekiyama, interview with author, April 1, 2019.

11. Kana Inagaki, "Spider Man: Kazuhide Sekiyama, Spiber," *Financial Times*, March 1, 2016, www.ft.com/content/e8e55656-c8cf-11e5-be0b-b7ece4e953a0.

12. "Brewed Protein," Spiber Inc., accessed January 26, 2022, https://spiber.inc/en/brewedprotein.

13. "Spiber Inc. Raises JPY 34.4 Billion in Funding to Strengthen Production and Sales Network," *Business Wire*, September 8, 2021, www.businesswire.com/news/home/20210908005992/en/Spiber-Inc.-Raises-JPY-34.4-Billion-in-Funding-to-Strengthen-Production-and-Sales-Network.

14. "Contributing to Sustainable Well-Being," Spiber Inc., accessed January 26, 2022, https://spiber.inc/

en/about.

15. Kazuhide Sekiyama, interview with author, April 1, 2019.
16. Raviv Drucker, interview with author, September 3, 2018.
17. Chen Reiss, interview with author, December 27, 2017.
18. 同前註。
19. Håkon Høydal, interview with author, June 11, 2018.
20. M. Wittman, N. Kolling, N. Faber, J. Scholl, N. Nelissen, and M. Rushworth, "Self-Other Mergence in the Frontal Cortex During Cooperation and Competition," *Neuron* 91 (2016): 482–493.
21. "Adrian Newey OBE," Red Bull Racing, accessed January 26, 2022, www.redbullracing.com/int-en/drivers/adrian-newey-obe.
22. 同前註。
23. Wikipedia, s.v. "Adrian Newey," accessed March 26, 2022, https://en.wikipedia.org/wiki/Adrian_Newey.
24. "Adrian Newey," Formula One Wiki, accessed January 26, 2022, https://f1history.fandom.com/wiki/Adrian_Newey.
25. "Adrian Newey OBE."
26. "Adrian Newey," Formula One Wiki, accessed January 26, 2022, https://f1history.fandom.com/wiki/Adrian_Newey.

27. "Adrian Newey OBE."

28. 同前註。

29. Wikipedia, s.v. "Red Bull Racing," updated April 2, 2022, https://en.wikipedia.org/wiki/Red_Bull_Racing.

30. Oracle Red Bull Racing (@redbullracing) tweeted: "The win today also marks Adrian Newey's 150th win in Formula One! #BelgianGP," Twitter, August 24, 2014, https://twitter.com/redbullracing/status/503565864109883394?lang=en-GB.

31. Adrian Newey, interview with author, September 4, 2018.

32. Gershon Tenenbaum, interview with author, October 2, 2017.

33. M. Polk, E. Smith, L. Zhang, and S. Neupert, "Thinking Ahead and Staying in the Present: Implications for Reactivity to Daily Stressors," *Personality and Individual Differences* 161 (July 15, 2020), www.sciencedirect.com/science/article/pii/S0191886920301604.

34. Kate Morgan, "Why Making Plans Helps Manage Pandemic Stress," *BBC*, July 21, 2020, www.bbc.com/worklife/article/20200720-how-planning-helps-us-cope-with-uncertainty.

35. Polk et al., "Thinking Ahead."

36. P. M. Ullrich and S. K. Lutgendorf, "Journaling About Stressful Events: Effects of Cognitive Processing and Emotional Expression," *Annals of Behavioural Medicine* 24 (2002): 244–250.

37. K. K. Fritson, "Impact of Journaling on Students' Self-Efficacy and Locus of Control," *InSight*: A

Journal of Scholarly Teaching 3 (2008): 75–83.

38. J. M. Smyth, J. A. Johnson, B. J. Auer, E. Lehman, G. Talamo, and C. N. Sciamanna, "Online Positive Affect Journaling in the Improvement of Mental Distress and Well-Being in General Medical Patients with Elevated Anxiety Symptoms: A Preliminary Randomized Controlled Trial," *JMIR Mental Health* 5, no. 4 (2018): e11290.
39. Gershon Tenenbaum, interview with author, October 2, 2017.
40. Peter Beck, interview with author, February 27, 2018.
41. Robert Ibbotson, interview with author, May 25, 2017.
42. 同前註。

第9章　把盡頭變成新起點

1. Wikipedia, s.v. "Mae Jemison," updated March 28, 2022, https://en.wikipedia.org/wiki/Mae_Jemison.
2. Jesse Katz, "Shooting Star," *Stanford Daily*, July–August 1996, https://web.stanford.edu/dept/news/stanfordtoday/ed/9607/pdf/ST9607mjemison.pdf.
3. 同前註。
4. "Dr. Mae C. Jemison," *Changing the Face of Medicine*, US National Library of Medicine, updated June 3, 2015, https://cfmedicine.nlm.nih.gov/physicians/biography_168.html.
5. "Mae C. Jemison Biography," Biography.com, updated July 15, 2021, www.biography.com/astronaut/

mae-c-jemison.

6. Michael Jager, interview with author, September 25, 2020.
7. Mary Katrantzou, interview with author, June 26, 2020.
8. Gavin Turk, interview with author, May 1, 2020.
9. Edward Bonham Carter, interview with author, May 12, 2017.
10. 同前註。
11. 同前註。
12. Chen Reiss, interview with author, December 27, 2017.
13. Adrian Newey, interview with author, September 4, 2018.
14. Felicity Aston, interview with author, April 12, 2019; George Kourounis, interview with author, November 23, 2017; Ben Saunders, interview with author, April 12, 2017.
15. Don Wilson, interview with author, June 15, 2017.
16. Jean Folger, "Metaverse Definition," *Investopedia*, October 28, 2021, www.investopedia.com/metaverse-definition-5206578.
17. Kazuhide Sekiyama, interview with author, April 1, 2019.
18. Newey, interview with author.
19. Jager, interview with author.
20. Sekiyama, interview with author.

21. Rob Nail, interview with author, February 18, 2019.
22. Tom Gorman and Sanjena Sathian, "Robots and Utopia: Silicon Valley's Quirkiest CEO," OZY, August 12, 2015, www.ozy.com/news-and-politics/robots-and-utopia-silicon-valleys-quirkiest-ceo/40048.
23. Nail, interview with author.
24. 同前註。
25. 同前註。
26. Roberta Lucca, interview with author, November 30, 2018.
27. Auriea Harvey, interview with author, October 20, 2018.
28. Jess Butcher, interview with author, September 5, 2018.
29. Tencia Lee, interview with author, September 7, 2016.
30. William Harlan, interview with author, June 18, 2018.
31. Nicole Cooke, interview with author, March 11, 2014.
32. Rebecca Gibb, "Harlan Estate: A New Wine Dynasty," Deutsche Bank, June 5, 2019, https://deutschewealth.com/en/conversations/entrepreneurship/harlan-estate-the-next-wine-dynasty.html.
33. "Legacy," Pacific Union Partners, accessed February 8, 2022, https://pacunionpartners.com/our-company/legacy.
34. Adam Lechmere, "Bill Harlan: The Wild One," Club Oenologique, November 1, 2020, https://cluboenologique.com/story/bill-harlan-the-wild-one.

35. Adam Lechmere, "In Conversation with Bill Harlan," Wine Conversation, accessed February 8, 2022, www.wine-conversation.com/conversations/great-wine-lives-bill-harlan.

36. Judith Nasatir, *Observations from the Hillside* (St. Helena, CA: Harlan Estate, 2010).

37. "In Conversation with Bill Harlan," Wine Conversation, accessed February 8, 2022, www.wine-conversation.com/conversations/great-wine-lives-bill-harlan.

38. Nasatir, *Observations from the Hillside*.

39. First growth 意思是「第一等級」，適用於法國梅多克和格雷夫斯地區的葡萄酒。波爾多有五個酒莊被譽為一級酒莊：侯伯王、拉菲堡、木桐堡、拉圖和瑪歌。

40. Anthony Maxwell, "Liv-ex Interview with Bill Harlan, Part One: Napa Valley and the California First Growth," Liv-ex, August 23, 2018, www.liv-ex.com/2018/08/liv-ex-interview-bill-harlan-part-one-napa-valley-californian-first-growth.

41. Anthony Maxwell, "Liv-ex Interview with Bill Harlan, Part Two: Robert Parker and the Secondary Market," Liv-ex, August 23, 2018, www.liv-ex.com/2018/08/liv-ex-interview-bill-harlan-part-two-robert-parker-secondary-market.

42. Julia Flynn, "A Successful Vintner Pours His Passion into Dynastic Dream," *Wall Street Journal*, July 1, 2016, www.wsj.com/articles/SB115172140824696135#.

43. Nasatir, *Observations from the Hillside*; W. Blake Gray, "Harlan Estate's 200-Year Plan," Wine-Searcher, August 1, 2013, www.wine-searcher.com/m/2013/08/harlan-estates-200-year-plan.

44. Nasatir, *Observations from the Hillside*.
45. 同前註。

後記

1. Hazel Forsyth, interview with author, May 12, 2017.
2. Michael Robotham, interview with author, September 16, 2020.
3. Leda Braga, interview with author, March 27, 2019.
4. Zar Amrolia, interview with author, May 4, 2018.
5. Adrian Newey, interview with author, September 4, 2018.
6. John Underkoffler, interview with author, March 7, 2019.
7. Edward Bonham Carter, interview with author, May 12, 2017.
8. Jess Butcher, interview with author, September 5, 2018.
9. Gever Tulley, interview with author, February 6, 2019.
10. Ben Saunders, interview with author, April 12, 2017.
11. Don Wilson, interview with author, June 15, 2017.
12. Raphaël Domjan, interview with author, January 9, 2018; Georgianna Hiliadaki, interview with author, December 14, 2017.
13. Caleb Kramer, interview with author, June 7, 2017.

14. Max Mersch, interview with author, March 28, 2018.
15. Georgianna Hiliadaki, interview with author, December 14, 2017.
16. Blaise Pascal, *Pensées and Other Writings* (Oxford: Oxford University Press, 1995; reissued 2008), 28.
17. Ma Yansong, interview with author, March 7, 2018.

國家圖書館出版品預行編目資料

好奇心行動攻略：掌握9大關鍵能力，戒除瑣碎與發散，打造精準、有目標的好奇心／康斯坦丁・安德里奧普洛斯（Constantine Andriopoulos）著；鍾玉玨譯. -- 初版. -- 臺北市：大塊文化出版股份有限公司, 2024.01

312面；14.8×20公分. --（Smile；201）

譯自：Purposeful curiosity : the power of asking the right questions at the right time.

ISBN 978-626-7388-22-8（平裝）

1.CST：自我實現　2.CST：職場成功法

494.35　　112020635

LOCUS

LOCUS

LOCUS

LOCUS